SVENJA
HOFERT

KARRIERE MIT SYSTEM

Die 7 besten Strategien für Ihren Erfolg

Campus Verlag
Frankfurt/New York

MIX
Papier aus verantwortungsvollen Quellen
FSC® C089473

ISBN 978-3-593-39921-8

Umschlaggestaltung: total italic, Thierry Wijnberg, Amsterdam/Berlin
Satz: Fotosatz L. Huhn, Linsengericht
Gesetzt aus der Myriad und der Minion
Druck und Bindung: Beltz Bad Langensalza
Printed in Germany

Dieses Buch ist auch als E-Book erschienen.
www.campus.de

Karriere mit System

Svenja Hofert ist Expertin für neue Karrieren, bildet in ihrer Karriereexpertenakademie Coachs und Berater aus und beschäftigt sich seit vielen Jahren mit den Entwicklungen des Arbeitsmarkts und Prognosen für die Zukunft. Sie ist eine der erfolgreichsten Autorinnen zu beruflichen Themen und hat bereits zahlreiche Bestseller geschrieben. Sie betreibt einen Blog unter http://karriereblog.svenja-hofert.de

Inhalt

Einführung: So geht Erfolg heute

Vor gar nicht allzu langer Zeit gab es nur zwei Wege, um beruflich erfolgreich zu werden. Der erste Weg war die Karriereleiter, die Stufe für Stufe zu erklimmen war. Dabei war man den – nicht selten stressigen, unmenschlichen sowie familienfeindlichen – Bedingungen der Unternehmen ausgeliefert. Belohnt wurden die Raffinierten oder die Fleißigen, wenn sie nicht zuvor ein Burnout ereilte, ein Konkurrent von der Leiter stieß oder eine Intrige ausbootete. Der andere Weg gehörte den Richard Bransons und Steve Jobs dieser Welt: Unternehmen gründen, reich werden – und Bedingungen diktieren.

Heute gibt es weit mehr Wege, um Karriere zu machen. Wir befinden uns mitten in einer Ära gravierender Veränderungen in der Arbeitswelt. Viele Menschen sind nicht mehr dazu bereit, dem beruflichen Weiterkommen alles unterzuordnen. Sie passen sich nicht mehr um jeden Preis den Unternehmen an. Letztlich ist es der demografische Wandel, der die Arbeitgeber zum Umdenken zwingt. Die Bewerber haben heute andere Erwartungen an Unternehmen als früher und fordern schnelle Veränderungen. Die Unternehmen hingegen verändern sich nur langsam.

Ich habe diesen Wandel der Bedürfnisse von Bewerbern und Karrierebedingungen in Unternehmen über mehr als ein Jahrzehnt beobachtet. Dabei fiel mir immer wieder auf, dass die einzelnen Angestellten scheinbar auf verschiedenen Planeten arbeiteten, so unterschiedlich waren die Umfelder und Karrierebedingungen – und mit jedem Jahr wurden die verschiedenen Prägungen augenfälliger. Ich lernte Menschen kennen, die ein Unternehmen mit der offiziellen Einschätzung des Personalchefs verließen, eine völlig ungeeignete Führungsperson zu sein – um später in einer anderen Firma zum erfolgreichen Unternehmenslenker aufzusteigen. Oder solche, die in dem einen Unternehmen einen Burnout erlitten, aber im nächsten aufblühten.

Woran liegt das? Ganz eindeutig an der Passgenauigkeit Unternehmen/Mitarbeiter, der Kompatibilität zwischen den klimatischen Bedingungen in einer Firma und den Präferenzen des Mitarbeiters. Erfolg ist nämlich eng mit der Erfüllung persönlicher Bedürfnisse und Motivationen verbunden. Jemand ist erfolgreich, wenn er diese erfüllen kann. Die unterschiedlichen Karrieresysteme entsprechen den unterschiedlichen Bedürfnissen, die Menschen haben. Hinzu kommt die Tatsache, dass die gleichen menschlichen Eigenschaften in verschiedenen Kontexten völlig unterschiedlich gedeutet und bewertet werden können.

Aus meinen Beobachtungen kristallisierten sich sieben Karrieresysteme heraus:

- die »Family Career«,
- die »Dynamic Career«,
- die »Conventional Career«,
- die »Performance Career«,
- die »Cooperative Career«
- die »Flexi Career« und
- die »Better-World-Career«.

Zu jedem Karrieresystem gehört ein dazu passender »Worklifestyle« der Mitarbeiter: Ein Flexi-Worklifestyle-Mitarbeiter findet beispielsweise sein ideales Karrieresystem in der Flexi Career. Im Anhang dieses Buches finden Sie einen Test, mit dessen Hilfe Sie den zu Ihnen passenden »Style« ermitteln können.

Die sieben Karrieresysteme zeigen, dass Karriere vielfältig geworden ist und allgemeingültige Spielregeln an Wert verloren haben. Doch wie finden Sie sich in Ihrem Karrieresystem zurecht? Was müssen Sie beachten? Dieses Buch bietet Ihnen eine Orientierung im Karrieredschungel. Es zeigt Ihnen die Bedingungen auf, unter denen Sie in den unterschiedlichen Systemen aufblühen und Ihre Arbeit Früchte tragen kann. Die Menschen, die ich Ihnen im Laufe des Buches vorstellen möchte, sind auf ganz unterschiedliche Art und Weise in verschiedenen Karrieresystemen mit ihrem ganz eigenen Worklifestyle erfolgreich. Sie gehören teilweise zur Generation Y und zu den Digital Natives, sie sind also mit dem Internet groß geworden. Andere wiederum zählen zur nachdigitalisierten Generation.

- → ***Olcay*** weiß genau, was er will, und kann Unternehmen in Vorstellungsgesprächen so richtig auf den Zahn fühlen.
- → ***Anna*** lässt die große Chance auf ein Konzerntraineeprogramm links liegen und trifft einige ungewöhnliche Karriere-Entscheidungen.
- → ***Tim*** zeigt uns, wie man Spaß am Lernen entwickelt und Weiterentwicklung sportlich sehen kann. Er fragt sich immer: Was lerne ich als Nächstes?
- → ***Larissa*** perfektioniert das, was sie in Konzernen weiterbringt: Networking.
- → ***Florian*** lässt uns teilhaben an seinem Learning nach dem Burnout – und seiner individuellen Sinnsuche.
- → ***Monika*** und ***Kerstin*** verwirklichen die Arbeit der Zukunft mit eigenen Start-ups.
- → ***Sonja*** beweist uns, dass man nie mehr selbst auf Jobsuche gehen muss, wenn man »Career Branding« betreibt.
- → Von ***Thomas*** lernen wir, dass man sich seine Arbeitswelt so gestalten kann, wie es einem gerade passt.
- → ***Marlene*** vollbringt das Kunststück, sich immer wieder neu zu erfinden – im selben Unternehmen.

STRATEGIE 1:

VERGESSEN SIE DIE SPIELREGELN VON GESTERN

Sie fragen, das Unternehmen antwortet. Sie wünschen sich etwas, der Arbeitgeber geht auf Ihr Bedürfnis ein. Sie meinen, das ist undenkbar? Begleiten Sie mich in die neue Arbeitswelt, in der *Sie* die Bedingungen diktieren. Hier sind Sie ein begehrter Partner auf Augenhöhe, um den sich Unternehmen bemühen werden. Zu Beginn dieses ersten Kapitels demonstriert Ihnen Olcay, wie Sie Ihre Trümpfe ausspielen können. Danach zeige ich Ihnen, worauf Sie bei Ihrer Suche nach dem richtigen Umfeld für Ihre Karriere achten sollten.

Einfach umgedreht: Bewerber führen das Vorstellungsgespräch

Olcay *Es ist 11 Uhr. Die Sonne scheint in den lichten Konferenzraum mit den schicken Designermöbeln von Vitra. An einem runden Tisch sitzen fünf Personen, darunter Olcay. Wir sind in einem Hamburger Unternehmen, dessen Namen jeder kennt. Olcay ist zum Vorstellungsgespräch geladen. Er ist entspannt und sitzt ganz locker da.*

»Und was sind Ihre Ziele für die nächsten fünf Jahre?«, fragt Olcay die Unternehmensvertreter.

»Ähm, hm … was ist das für eine Frage?«, erwidert einer von ihnen. Der Fachabteilungsleiter, der Personaler und die zwei Teammitglieder, die Olcay gegenübersitzen, sind offenbar völlig aus ihrem Konzept gebracht. Im Grunde ist das schon eine fortschrittliche Konstellation für ein Vorstellungsgespräch, denn das Team ist auch mit dabei und hat ein Mitspracherecht. Noch vor wenigen Jahren entschied der Abteilungsleiter allein über Neueinstellungen. Aber eine derartige Frage von einem Bewerber ist für die Damen und Herren dann doch etwas zu viel.

»Wo sehen Sie Ihre Stärken im Vergleich zu Ihrem stärksten Wettbewerber?«, insistiert Olcay.

Seine Gesprächspartner schauen ihn verwirrt an. Unsicher. Irritiert. Es sieht so aus, als wüsste keiner von ihnen eine Antwort. Dass Bewerber nach Zielen fragen, scheint hier noch nicht alltäglich zu sein.

Typische Fragen im Bewerbungsgespräch

Sicher kennen Sie die typischen Fragen aus Vorstellungsgesprächen: »Wo sehen Sie sich in fünf Jahren?«, »Was sind Ihre Stärken?« Wenn ein Personaler diese Fragen stellt, gilt das als normal. Dreht ein Bewerber allerdings den Spieß um und stellt sie dem Unternehmen, reicht die Palette möglicher Reaktionen darauf von Überraschung über Ablehnung bis hin zu Begeisterung. »Sie sind aber frech, so etwas zu fragen«, sagte ein Geschäftsführer dem selbstbewussten Bewerber. Und fügte hinzu: »Das finde ich gut, das gefällt mir.« Ein anderes Mal bekam er weniger nette Worte zu hören: »Was bilden Sie sich ein? Wir haben hier genug Bewerber!« Nur wie lange noch, frage ich mich. Der demografische Wandel spielt auf Zeit.

Wenn Sie sich auch ein wenig mehr trauen als Otto Normalbewerber, eben weil Sie einen guten und nicht jeden Job wollen, werden Sie damit leben müssen, dass man Sie manchmal nicht versteht. Sie sogar unverschämt findet. Als grenzverletzende »Generation Y« diffamiert. Oder Sie einfach nur ratlos anblickt.

Gleichberechtigte Auswahlverfahren

Ich habe schon Kunden betreut, die bis zu neun Auswahlschritte durchlaufen mussten: ein telefonisches Gespräch mit einem Dienstleister, ein Vor-Ort-Gespräch mit zwei Verantwortlichen, Gespräche mit drei Teammitgliedern, ein Test, ein Assessment-Center, ein Gespräch mit der nächsthöheren Ebene, ein Gespräch mit einem Psychologen. Am Ende bekamen sie einen Vertrag angeboten, unterzeichneten und merkten bereits am dritten Arbeitstag, dass sie hier nicht alt werden würden. Wie viel Geld könnten Unternehmen sparen, wenn sie ihre Auswahlverfahren von vornherein gleichberechtigt gestalten würden?

***Olcay** hat seine Karriere als Technologieberater bei Accenture gestartet. Es sei eine harte, gute Schule gewesen, er habe viel gelernt und einen umfangreichen Koffer mit Methoden mit auf den Weg bekommen. Als Berater in größeren Unternehmen hat er viele Praxiserfahrungen sammeln können. Doch nach einigen Jahren wechselte er in eine andere Beratungsfirma, die ihn zum Dauereinsatz in einen Konzern schickte. Dort traf er eine ihm fremde Arbeitswelt an, in der er sich einfach nicht entfalten konnte. Niemandem schien es dort um die Sache zu gehen, um den Fortschritt, das Weiterkommen im Projekt. Neue Ideen wurden von Vorschriften sofort gebändigt. Zwar arbeitete man auf dem Papier mit der flexiblen und zeitgemäßen Projektmanagementmethode »Scrum«, in der Praxis jedoch behinderten sinnlose Hierarchien und endlose Abstimmungsprozesse jeden Schritt nach vorn. Ab-*

teilungs- und schnittstellenübergreifende Zusammenarbeit war unmöglich. Gleichzeitig wurde jeder Arbeitsschritt vermessen und kontrolliert. Was dabei herauskam? Nichts.

»Ist das normal? Muss das so sein?«, fragte sich Olcay nach einigen Wochen. Da er Vergleiche mit dem früheren Arbeitgeber ziehen konnte, wusste er die Antwort selbst: Nein, das ist nicht normal. Es geht auch anders.

»Was will ich überhaupt?«, war seine nächste Frage. »Wo will ich arbeiten? Für wen und warum?« Seine Antworten festigten sich in einem Prozess über mehrere Monate: Etwas leisten! Sinnvolles tun! Im Team arbeiten! Und das in einem dynamischen, fortschrittlichen Umfeld, das auf einem hohen inhaltlichen Niveau denkt und handelt.

Machtverhältnisse auf dem Arbeitsmarkt verschieben sich

In einer Studie des IAO zur Zukunft der Arbeit las ich Folgendes: »Demografischer Wandel und ein neues Selbstbewusstsein von Erwerbspersonen verschieben die Machtverhältnisse auf betrieblichen Arbeitsmärkten.«[1] Genauso erlebe ich es – derzeit vor allem bei Bewerbern, die aufgrund eines technischen Hintergrunds oder ihrer Spezialisierung sehr nachgefragt sind, doch vermutlich ist das nur die Vorhut. Auch in anderen Feldern wird Mangel entstehen und ein Umdenken erfolgen.

Olcay *Ich weiß noch, dass ich Olcay an einem Samstag im November kennen lernte, seine Arbeitszeiten ließen keinen Wochentermin zu. Er bot mir das Du an, unkompliziert, wenn auch nicht unbedingt Knigge konform. Ich kann ihn mir schlecht vorstellen in einem starren, hierarchischen Umfeld. Bank? Versicherung? Pharma? Olcays Gestaltungsfreude und Energie passt, finde ich, am besten in ein kleineres, spezialisiertes, dynamisches Unternehmen. Wenn jemand so viel Freude an Veränderung und am Gestalten hat wie er, kann er dort am besten wachsen.*

In Vorstellungsgesprächen will er seinen Gesprächspartnern vermitteln, was ihm wichtig ist: Er möchte flexibel arbeiten, gestalten, etwas bewegen und bewirken, seine Expertise ausbauen. Seine Helden sind nicht BMW und Porsche, sondern Unternehmen, die wichtige Zukunftsthemen innovativ besetzen. Wie viele Menschen, die ich berate, möchte er, dass seine Arbeit sinn-

voll ist. Dabei hat er seine eigene Vorstellung von Sinn: Er will mit seiner Arbeit wirken, an etwas arbeiten, das das Team weiterbringt.

Sinn hat auch etwas mit der Persönlichkeit und dem Bildungsgrad zu tun. Wer gelernt hat, komplex zu denken, und dies auch schätzt – so wie viele Akademiker –, wird auf Dauer nicht mit Arbeitssituationen zufrieden sein, die viel Routine und wenig Kopfarbeit erfordern.

Die Frage nach dem persönlichen Sinn

Gemeinhin spielt die Frage nach dem persönlichen Sinn in Vorstellungsgesprächen keine Rolle – dabei ist sie für beide Seiten entscheidend. Es ist wichtig nach dem Gehalt, den Erwartungen, den Zielen der Firma und den Kollegen zu fragen. Aber noch wichtiger ist es, für sich selbst herauszufinden, ob man sein Verständnis von Sinn in diesem Umfeld leben kann und einem das Unternehmen genügend sinnstiftende Arbeit zu bieten hat.

Vor allem konservative Manager verstehen diesen Zusammenhang oft nicht. Sie selbst streben mehr nach vertikalem Erfolg, Status und Geld als nach Sinn.

Im Vorstellungsgespräch

Kandidatin: »Ich möchte wieder gestalten können und an einer Idee mitwirken.«
Entscheider: »Wieso nehmen Sie es in Kauf, dafür weniger zu verdienen?«
Kandidatin: »Die Aufgabe ist interessant. Ich kann an einem Projekt mitarbeiten, das wirklich Relevanz hat. Das ist es mir wert.
Entscheider: »Das glaube ich Ihnen nicht …«

Die will er nicht einstellen, flüstert er später der Personalerin zu. Dieser gelingt es nicht, ihn davon zu überzeugen, dass es viele Hochqualifizierte gibt, die so denken. Die Kandidatin hat genügend Angebote und kann frei wählen. Beim nächsten Vorstellungsgespräch muss sie sich nicht rechtfertigen.

Die richtigen Fragen stellen

In Vorstellungsgesprächen prallen manchmal Welten unterschiedlicher Wert- und Sinnvorstellungen aufeinander, ein regelrechter Clash-of-Cultures. Bewerbern rate ich deshalb, die Karrieresysteme potenzieller Arbeitgeber genau zu erkunden. Dazu gehört es, die richtigen Fragen zu stellen – auch Unternehmen gehören auf den Prüfstand.

Einige, nicht alle Unternehmen halten Bewerber immer noch für Bittsteller, denen sie eventuell ein Angebot machen, das wie selbstverständlich angenommen wird. Sie sind eine Kommunikation gewohnt, in der der eine fragt und der andere antwortet, der eine etwas anbietet und der andere etwas nimmt. Aber das ist keine Kommunikation auf Augenhöhe, keine Begegnung von zwei gleichwertigen Geschäftspartnern, die sich beschnuppern, bevor sie einen Vertrag eingehen.

Von solchen Kultur-Zusammenstößen unbeirrt, erkunden die besonders begehrten Fachkräfte ihr Umfeld dennoch so, wie sie es für richtig halten. Und genauso wie ein Bewerber aufgrund schlechter Vorbereitung durchfallen kann, rasselt auch manches Unternehmen durch die unerwartete Prüfung seitens des Bewerbers. Die Begegnung auf Augenhöhe ist neu. Während früher unvorbereitete Bewerber mit Schulterzucken und ausweichenden Antworten reagierten, geht es jetzt manch einem Firmenvertreter in Vorstellungsgesprächen ebenso.

Die Begegnung auf Augenhöhe ist neu

Olcay *ist als qualifizierter Wirtschaftsinformatiker auf neun von zehn Bewerbungen eingeladen worden. Mit zunehmender Gefragtheit sinkt seine Akzeptanz von ausweichenden Antworten und »Bullshit« im Job. (»Bullshit« nenne ich überflüssige Hürden, veraltetes Denken und Strukturen, die verhindern, dass Angestellte ihr Leistungspotenzial entfalten können.)*

Wer nach einem geeigneten Umfeld für die eigene Karriere sucht, sollte wissen, was ihm wichtig ist. Olcay hat seine Kriterien klar abgesteckt, er weiß, was er kann, kennt seine Vorstellung von Sinn – und kann deshalb auch Nein sagen.

Es klappte nach acht Gesprächen dort, wo er sich auch am wohlsten gefühlt hatte. »Die haben hart nachgefragt, aber geschickt«, erzählt er. Der Personaler hat mehrmals auf Umwegen das Thema Teamorientierung aufgegriffen. Wen er denn im Sport mehr bewundere, war eine Frage, Cristiano Ronaldo, Lionel Messi oder Franck Ribéry. »Ribéry« Olcays Antwort. Warum denn? »Er ist kein egozentrischer Star, dem es nur um Glanz und Tore geht. Er setzt sich für die Mannschaft ein.« Das passte.

Wie Sie das »umgekehrte Interview« in der Praxis umsetzen

Fühlen Sie dem Unternehmen auf den Zahn!

Halten wir also fest: Nicht nur das Unternehmen darf Sie als Bewerber auf den Prüfstand stellen, auch Sie als Bewerber sollten dem Unternehmen auf den Zahn fühlen. Das mag ungewohnt sein, aber wenn Sie es richtig erklären, so werden es Ihre Gesprächspartner in den meisten Fällen verstehen und positiv aufnehmen, ja goutieren. Hier ein Beispielgespräch nach der Vorstellungsrunde:

Im Vorstellungsgespräch

Kandidat: »Haben Sie einen Zeitplan für das Gespräch?«

Unternehmensvertreter: »Wir wollen Sie kennen lernen und haben dafür bis zu 45 Minuten Zeit.«

Kandidat: »Das ist schön. Ich möchte Sie auch gern kennen lernen. Deshalb ist es mir wichtig, Ihnen am Ende des Gesprächs einige Fragen zu stellen. Das wird rund zehn Minuten in Anspruch nehmen. Ich hoffe, das geht für Sie in Ordnung?«

Unternehmensvertreter: »Ich denke, das bekommen wir hin.«

Stellen Sie Fragen zum Unternehmen!

Wenn Sie Überraschung oder gar Ablehnung und Unsicherheit bei Ihrem Gegenüber bemerken, können Sie etwas in dieser Richtung formulieren: »Aus meiner Sicht ist es für beide Seiten von höchstem Interesse zu wissen, was der jeweils andere erwartet – und wo vielleicht auch Grenzen sind.«

Stellen Sie Fragen zum Unternehmen, die Ihnen helfen, sich ein klareres Bild zu machen:

- Welche Ziele verfolgen Sie in den nächsten Jahren vorrangig mit Ihrem Unternehmen?
- Welche drei Werte werden in Ihrem Unternehmen wirklich gelebt?
- Was denken Sie, worin finden Ihre Mitarbeiter Sinn?
- Wie interpretieren Sie Teamarbeit?
- Gab es schon einmal Prozesse und Vorgänge, die Sie als nicht optimal empfunden haben? Wie haben Sie diese dann verbessert?
- Wie stellen Sie sicher, dass Mitarbeiter ihren Potenzialen entsprechend arbeiten können?
- Was tun Sie, um Ihre Mitarbeiter weiterzuentwickeln?

Professionell agierende Unternehmen fragen gern mit der sogenannten STAR-Interviewtechnik. Das bedeutet, sie erkunden erst S, die Situation, dann T, die Tasks (Aufgaben), gehen daraufhin zu Action (Handlung) und schließen mit den Results (Ergebnissen). Auch wenn Sie selbst nicht auf diese Weise befragt werden, können Sie sich mit STAR optimal für Fragerunden wappnen. Situative Beschreibungen werden auf diese Weise sehr viel konkreter und lebendiger. Ein Beispiel für eine STAR-Antwort: »Die Situation war die: Ich sollte ein Projekt in einer kritischen Phase übernehmen, ein Know-how-Träger hatte das Team überraschend verlassen. Nun war es meine Aufgabe, das Ganze doch noch in Time, Budget und Quality abzuschließen. Dafür habe ich mich erst einmal mit der Person zusammengesetzt, die so überraschend gekündigt hatte, und einen Beratervertrag mit ihr abgeschlossen. Gemeinsam haben wir den Turnaround dann doch noch geschafft. Ich denke, wesentlich dafür war mein Zugehen auf die Person, wobei ich alle Eitelkeiten zurückgestellt habe.«

Nutzen Sie die STAR-Interviewtechnik!

Wenn Sie ein Unternehmen befragen, können Sie dieselbe Technik anwenden. Die Frage »Was tun Sie, um Mitarbeiter zu entwickeln?« ergänzen Sie beispielsweise einfach um »Können Sie mir ein konkretes Beispiel nennen?«. Ich habe oft gehört, dass diese Vorgehensweise Gesprächspartner auf Arbeitgeberseite erheblich ins Schwimmen gebracht hat. Aber die wirklich guten Unternehmen können damit umgehen. Wenn Sie als Bewerber nicht wissen, was Sie antworten sollen, ist es am besten, zu sagen: »Darauf habe ich derzeit keine Antwort, ich habe noch nie darüber nachgedacht.« Unternehmen könnten zum Beispiel antworten: »Sehen Sie, dazu fällt uns derzeit nichts Konkretes ein, das hat uns noch nie jemand gefragt. Aber ich werde mich mit den Kollegen zusammensetzen, wir werden uns ein Beispiel überlegen und Sie dann anrufen.«

Probearbeitstage sind sinnvoll

Haben Sie ein oder zwei gute Gespräche geführt und einen Arbeitsvertrag angeboten bekommen, bitten Sie vor der Unterschrift noch um ein bis drei Tage Probearbeit. Ist das nicht möglich, sollten Sie zumindest die Büroräume und Kollegen kennen lernen. Sonst ergeht es Ihnen vielleicht wie meiner Kundin, die Folgendes zu berichten hatte: »Ich hatte fünf Gespräche, aber meinen Arbeitsplatz nie gesehen. Als ich dann am ersten Tag hereinkam, erlebte ich eine böse Überraschung. Ich sollte in einem vollkommen verdreckten Büro mit Mitarbeitern aus einem anderen Projekt arbeiten, da anderweitig kein Platz vorhanden sei. Auch vom versprochenen Firmenwagen zur Privatnutzung war nicht mehr die Rede.« Da sie den Punkt mit dem Firmenwagen nicht mit in den Arbeitsvertrag aufnehmen ließ, hatte sie nichts in der Hand. Achten Sie also immer darauf, Vereinbarungen schriftlich zu treffen!

Assessment-Center haben ihre Berechtigung

Etwas möchte ich an dieser Stelle noch sagen: Manche Bewerber beklagen sich, dass Unternehmen Tests und Assessment-Center einsetzen. In einem Unternehmen, das mit solchen Methoden arbeitet, wollen sie nicht arbeiten. Seien Sie nicht so streng. Tests sind wirklich hilfreich, wenn sie zusammen mit einem Interview ausgewertet werden. Sie helfen, die richtigen Fragen zu stellen, um zu überprüfen, ob jemand wirklich zur Aufgabe passt. Und solange Sie danach oder davor Ihre eigenen Fragen stellen dürfen, ist das doch okay, nicht wahr?

Fragen Sie sich, was heute gilt – und nicht, was gestern war

Nicht nur im Vorstellungsgespräch haben sich die Spielregeln verändert, sondern im gesamten beruflichen Umfeld. Das ist nicht verwunderlich, schließlich handelt es sich bei Spielregeln nur um Behauptungen, die Einzelpersonen auf der Basis ihrer unterschiedlichen praktischen Erfahrungen aus der Vergangenheit aufgestellt haben.

Die meisten Regeln sind eher begrenzend. Sie schrumpfen den eigenen Karriererahmen und reduzieren die Möglichkeiten. Nehmen wir beispielsweise diese Karriereregel: »Wenn Sie in einen Konzern wollen, müssen Sie zuerst in der Agentur den Titel Senior Consultant geschafft haben.« Das meint ein Personalberater zu meiner Kundin, die daraufhin total verunsichert ist, weil sie eigentlich schon früher wechseln will. Doch der »Experte« insistiert: »Innerhalb von fünf Jahren können Sie es dann zum Marketingleiter schaffen. Aber dafür brauchen Sie noch ein BWL-Studium oder einen MBA.« »Also muss ich ausharren, bis sie mich befördern«, stöhnt meine Kundin. »Aber das tun sie ja nicht, weil sie wissen, dass ich dann bald gehe.« Was würden Sie in so einer Situation empfehlen? Spielregel brechen oder einhalten? Ich war in diesem Fall für: brechen. Meine Kundin hat nun einen neuen Job im Projektmanagement und ist viel zufriedener als vorher.

Karriereregeln reduzieren Ihre Möglichkeiten

Die meisten Karriereregeln sind wie Sprüche der Alltagspsychologie, die es oft als gegensätzliches Duo gibt: »Gegensätze ziehen sich an« gilt genauso wie »Gleich und gleich gesellt sich gern«. Insofern haben Karriere-Spielregeln einen wahren Kern, sind aber nicht universell wahr, sondern höchstens zu 50 Prozent. So wie der Ehrliche nicht immer der Dumme ist, ist der Schüchterne nicht immer introvertiert und der machthungrige Narzisst auch nicht immer erfolgreich. Es gibt immer mindestens genauso viele Gegenbeispiele wie Beispiele, die etwas belegen. Die Sache ist nur die, dass uns die Dinge, die wir selbst erlebt haben, leichter einfallen. Wenn wir zum Beispiel unter einem machthungrigen Narzissten gearbeitet haben und uns wunderten, warum dieser so viel Erfolg hat, fällt uns dieses Bild sofort ein, wenn wir »Chef« denken. Wir deuten die Dinge auch schneller so, wie wir sie kennen. Selbst Experten sind davor nicht gefeit. Ihre Haltung formt sich oft aus ihrer Erfahrung, die sich aber immer nur auf einen Teilbereich, nie auf das Ganze bezieht und das Morgen aus dem Gestern ableitet.

»Bis 30 musst du es in einen Konzern geschafft haben« – das würde heute vermutlich keiner mehr so absolut sagen. Die damit assoziierte sichere Hängematte ist zumindest bei jüngeren und besser ausgebildeten Menschen nicht mehr uneingeschränkt attraktiv.

Die Bestätigungstendenz

Kommen wir noch einmal zu dem Personalberater von eben zurück. Er lag mit seiner Analyse – erst Senior Consultant, dann Konzern – durchaus nicht falsch. Seine Einstellung korreliert – geschätzt – zu 50 Prozent mit der Realität in einer großstädtischen Konzernwelt. Das heißt aber auch, dass er zu 50 Prozent falsch liegt. Es kann so sein, muss aber nicht. Und weil sich die Welt stark wandelt, ist es heute immer öfter anders als früher. Nur haben das viele noch nicht richtig mitbekommen und erfahrene Experten tendieren dazu, an früheren Erkenntnissen festzuhalten. Die Kognitionspsychologie nennt dieses Phänomen »Bestätigungstendenz«.

Hinzu kommt die menschliche Tendenz, Veränderungen kleinzureden, weil diese ja auch das eigene Weltbild betreffen und ein Umdenken erfordern. 1998 habe ich prognostiziert, dass es in zehn Jahren kaum noch Bewerbungen in Papierform geben wird. Was glauben Sie, für wie unrealistisch die damaligen Experten diese Annahme hielten?

Branchen-Spielregeln kennen

Spielregeln sind durchaus nützlich, sie sollten aber individualisiert und der neuen Zeit angepasst sein. Es ist hilfreich, die gültigen Spielregeln der eigenen Branche zu kennen. Sie sollten als Kreativer wissen, dass Modedesigner nach dem Studium selten angestellt werden und kaum 1 800 Euro brutto verdienen. Die meisten Modedesigner arbeiten scheinselbstständig ohne jede Sozialversicherung. Eine der Spielregeln in dieser Branche lautet, über diese Dinge zu schweigen und brav mitzumachen.

In anderen Branchen herrschen andere ungeschriebene Regeln. »Wenn du hier Karriere machen willst, musst du an der WHU[2] studiert haben«, könnte eine lauten. Ist sie wahr? Oft ja, aber eben auch nicht immer. »In eine Top-Strategieberatung kommst du nur, wenn du eine überdurchschnittliche Note vorweisen kannst und schnell studiert hast.« Richtig, aber es ist möglich, dass sich das bald ändert. Die Strategieberatungen müssen sich nämlich den veränderten Verhältnissen anpassen – und merken gerade, dass sie mehr Spezialwissen aufbauen müssen[3]. Es reicht nicht mehr, einen superintelligenten und selbstbewussten Überflieger in ein Unternehmen zu schicken, der mit PowerPoint erfahrenen Managern ein X für ein U vormacht. Die Spielregeln haben sich dahingehend verändert, und sie tun es weiterhin.

Manche der oft zitierten Karriere-Spielregeln stimmten schlicht und ergreifend auch schon früher nicht. Nehmen wir die Regel »Fleiß führt immer zum Erfolg« oder »Wer lebenslang lernt, kommt immer weiter«. Es gibt Umfelder, in denen das Gegenteil der Fall ist. Da werden Menschen, die etwas lernen möchten, ausgebremst. »Warum noch mehr lernen, du hast doch einen Job?« Dieses Statement bekam einer meiner Kunden von seinem Vorgesetzten in einem hamburgischen Handelshaus zu hören. Ich habe mir die Website des Unternehmens angesehen: Zu sehen sind fünf goldbeknopfte Herren, keine Frau – Tradition pur. Wie würden Sie diese Aussage bewerten? Wie lange kann das Handelshaus noch so unverändert bleiben? Was wird der demografische Wandel mit ihm und mit seinen Spielregeln machen?

Auch in traditionsreichen Betrieben wird die Belegschaft nicht mehr lange sagen: »Das haben wir immer schon so gemacht.« Alle Unternehmen, selbst Verwaltungs- und Staatsbetriebe, stehen unter Veränderungsdruck. Der technologische Fortschritt, der Demografiewandel und die Globalisierung treiben alle an.

Unternehmen unter Veränderungsdruck

Seien Sie vor allem bei der Berufswahl vorsichtig mit »pauschalen« Regeln, die gern in den Medien verbreitet werden. Nur weil die derzeitige niedrige Akademikerarbeitslosigkeit darauf deutet, dass ein Studium den besten Schutz vor Arbeitslosigkeit bietet, muss das in Zukunft nicht so bleiben. Nur weil momentan Betriebswirtschaftler im Schnitt mehr als Geisteswissenschaftler verdienen, ist das nicht in Stein gemeißelt.

Regeln zum Karrieremachen und beruflichen Weiterkommen fallen ebenfalls häufig in die Kategorie: »Da schließt jemand vom Gestern oder Heute aufs Morgen.« Hinzu kommt, dass diese Regeln die unterschiedlichen Karrieresysteme nicht ausreichend berücksichtigen. Im besten Fall wird noch zwischen »Kreativen« (Werbeagentur) und anderen (Konzernen) unterschieden. Dass aber auch eine Werbeagentur ziemlich konventionelle Karriere-Spielregeln haben kann und ein Konzern reichlich unkonventionelle, bleibt außen vor. Da ich das für ein ganz entscheidendes, bisher aber in allen Karriereratgebern ignoriertes Thema halte, räume ich ihm im nächsten Kapitel den gebührenden Platz ein.

STRATEGIE 2:
FINDEN SIE IHR PASSENDES KARRIEREUMFELD

Sie glauben, mit bestimmten Eigenschaften könnte man überall Karriere machen? Falsch. Es gibt in der derzeitigen Arbeitswelt sieben verschiedene Umgebungen, die ganz unterschiedliche Karrierebedingungen bieten. Diese zu kennen und das individuell passende Umfeld zu finden, ist eine der wichtigsten Voraussetzungen, um heute erfolgreich zu sein.

Family- oder Flexi-Style? Neue Karriereanker

Lassen Sie uns einmal grundlegend über Karriere sprechen. Was ist das eigentlich? In den letzten Jahren ist die vertikale Sicht des Aufstiegs immer mehr durch ein zeitgemäßeres Verständnis abgelöst worden. Danach ist Karriere ein selbstbestimmter Weg, eine gern kurvige Lebensstraße, die je nach individuellen Werten unterschiedlich befahren wird. Diese Werte verändern und transformieren sich mit dem Erlebten. Karriere ist demnach ein Prozess, und nicht etwas, das man »macht«.

Was ist Karriere?

Gründe für eine Karriere

Warum befahren Menschen überhaupt eine Karrierestraße? Dafür hat jeder seine eigenen Beweggründe, die sich ebenfalls im Laufe des Berufslebens stark verändern können. In unseren Breitengraden spielt dabei die Existenzsicherung kaum noch eine vordergründige Rolle, höchstens phasenweise. Die übergeordnete Motivation ist meist, einen Sinn in der Arbeit zu finden. Es geht in reichen Ländern wie Deutschland, Österreich und der Schweiz eben nicht ums Brot, sondern um die Butter und den Belag.

Wir steigen auch immer seltener aus protestantischem Arbeitsethos ins Karriereauto – nach dem Arbeiten einfach dazugehört und der Muße erst ihre Berechtigung gibt. Es gibt auch immer weniger Menschen, die in erster Linie nach Sicherheit suchen. Dieser Beweggrund herrschte in den 1960er und 1970er Jahren vor. Immer weniger befahren ihre Karrierestraße, um Status zu erringen, der sich etwa in einem schicken Auto zeigt. Diese Motivationen hatte ihren Höhepunkt in den 1980er bis 2000er Jahren. Ich treffe immer mehr Menschen, die das Fahrrad dem Audi vorziehen.

Selbstverantwortlichkeit und Sinnsuche

Die Gründe für Karriere haben sich ausdifferenziert und neue sind hinzugetreten – wie die Suche nach individueller Selbstverwirklichung und nach übergeordnetem Sinn. Vor allem Letzteres hat in den letzten Jahren enorm an Bedeutung gewonnen. »Schuld« daran ist die sogenannte Generation Y, die nach 1980 Geborenen. Deren Denken beeinflusst mittlerweile auch andere Generationen, sodass Sinnsuche längst kein Phänomen mehr der unter 35-Jährigen ist.

»Bunte« Lebensläufe

Vor einiger Zeit hatte ich ein Interview in NDR Info. Die Moderatorin nannte meinen Lebenslauf »bunt«, woraufhin ich protestierte. Ich habe keinen bunten Lebenslauf; ich habe mir jeden Schritt gut überlegt und er war immer dadurch motiviert, etwas Neues zu lernen. Alle Bausteine passen zueinander. Aber natürlich muss jemandem ein Lebenslauf mit zwei Studiengängen, Kontrasten wie Mittelstand und Konzern, mit Stationen im Journalismus, Kommunikation, Marketing und Personal sowie Unternehmensberatung »bunt« vorkommen, wenn man 25 Jahre nur einen Job gemacht hat und einen echten »Beruf« ausübt.

In meinem Verständnis ist mein Lebenslauf genau das, was die britische Professorin und Buchautorin Lynda Gratton in *Job Future, Future Jobs*[1] als moderne Karriere beschreibt. Sie ist nicht bunt, sondern folgt einer inneren Logik, die immer gesteuert war von den Fragen »Was interessiert mich?«, »Was muss ich lernen/wissen für den nächsten Schritt?« und »Wie verknüpfe ich A und B zu C?«. Im Fall der mich befragenden Redakteurin erfolgte der Blick auf meinen Lebenslauf also aus der Sicherheitsbrille, aus der Perspektive des Dauerarbeitsverhältnisses.

Aus dieser Perspektive haben es das Neue und Andere oft schwer – und wenn beides zusammenkommt, noch mehr. Ich erinnere mich an eine promovierte Managerin, die sich als Firmenwagen einen sparsamen Smart aussuchte und mit dem Fahrrad zur Arbeit kam. Sie wurde deswegen offen gemobbt. Oder ein anderer Fall: Ein Vorstandsmitglied verzichtete auf den obligatorischen Porsche und lebte im preiswerten Reihenhaus. Seine Kollegen konnten das gar nicht verstehen. Er aber sagte: »So kann ich mir mein Leben auch noch leisten, wenn ich einen schlecht bezahlten Job annehmen muss. Ich bleibe frei – das Geld zwingt mich nicht, bestimmte Arbeiten anzunehmen.«

Das Neue hat es schwer

Manchmal prallen Welten aufeinander. Eine äußerst erfolgreiche Direktorin in einem Konzern beispielsweise platzierte sich nach der Umstrukturierung der Räumlichkeiten – hin zu mehr Offenheit und Gemeinschaft – mitten in ihr Team. Die anderen Manager konnten das nicht verstehen; sie sank in deren Achtung – aber sie stieg in der Anerkennung bei den Generation-Y-Vertretern. Und die werden über kurz oder lang über Karrieren entscheiden.

Flow statt Stillstand

Viel wichtiger als Status sind jüngeren Menschen, also den Vertretern dieser Generation Y, außerdem zwei Dinge: Work-Life-Balance und die Möglichkeit, die eigene Stärken und Potenziale zu entfalten. Sie wollen ihre Entwicklung permanent vorantreiben, statt stehenzubleiben. Das bestätigen verschiedene Studien.[2] Auch das ist neu. Eine verbreitete Devise meiner Generation, gerade unter Akademikern, war hingegen: »Reinklotzen und dann in die Hängematte! – Ich habe ja schon so lange und viel gelernt, jetzt muss mal Schluss sein.« Diese Haltung wird gerade gründlich überholt.

Immer mehr Menschen betrachten Karriere zudem nicht als Mittel zur Wunscherfüllung, sondern als Selbstweck. Für sie führt Karriere nicht irgendwohin, sondern

Unteschiedliche Erscheinungsformen von Flow

sie macht *jetzt* Spaß und bringt *im Augenblick* Erfüllung. Karriere soll zur Persönlichkeit passen und zu einem »Flow« in der Arbeit führen. Das ist der optimale Bereich zwischen Unter- und Überforderung, in dem man einfach nur sinnerfüllt Dinge tut. Wie dieser Flow aussieht, ist unterschiedlich. Die einen erfahren ihn im Trubel, wenn sie Events organisieren und in letzter Sekunde dafür sorgen, dass ein Ersatzlieferant für das Regenzelt gefunden wird. Die anderen finden Flow in der Ruhe, in der sie in die Fluten wissenschaftlicher Studien tauchen, um Daten- und Faktorenanalyse zu betreiben. Wieder andere blühen auf, wenn sie anderen helfen können, als Sozialarbeiter, Arzt oder Entwicklungshelfer. Und dann gibt es noch jene, die leidenschaftliche Analytiker sind, die Zusammenhänge sofort durchschauen und deshalb leicht Konzepte erstellen oder Neues entwickeln können.

Die richtige Tätigkeit zu finden, erfordert also mehr ein systematisches Vorgehen und einen Plan. Nur wenigen gelingt das von Anfang an: Ich schätze, dass maximal 2 Prozent aller Abiturienten ihre Bedürfnisse und Motivationen wirklich kennen. Die meisten suchen sich über ihre Interessen einen Beruf, was leider oft ein falsches Leitmotiv für diese Entscheidung ist. Denn was nützt einem das Interesse für das Fach Bekleidungstechnik, wenn es Jobs vor allem in Süddeutschland gibt und der starke Wettbewerb zu einem schlechten Arbeitsklima führt? Das sind Aspekte, die bei der Beratung für die Berufsorientierung oft in die Überlegungen nicht miteinbezogen werden.

Interessen als Leitmotiv?

Nicht jeder passt überall hin. Entscheidend sind dabei die persönlichen Präferenzen, nicht die Interessen. Was dem einen gefällt, kann für den anderen tödlich langweilig sein.

***Petra** arbeitet in einem perfekten Unternehmen und hat den perfekten Job: bestens bezahlt und mit perfekter Work-Life-Balance. Aber Petra langweilt sich. »Nur 30 Prozent der Arbeit gefallen mir, maximal«, sagt sie. Jemand anderer wäre in dem Job aufgegangen. Aber Petra ist Petra und niemand anderes. Petras Worklifestyle heißt Flexi-Style. Sie liebt es kreativ, abwechslungsreich, aufregend und wissensintensiv. Sie war bei einem Stadtwerk gelandet – weil ihre Mutter meinte: »Da verdient man gut.« Ein tolles Unterneh-*

men, aber nichts für Flexi-Stylisten, also Menschen, die wie Petra ihre Akkus lieber in einem weniger geordneten Umfeld aufladen. Das konventionelle Unternehmen, in dem sie arbeitet, bietet zwar viel Komfort, bis hin zur 35-Stunden-Woche, aber wenig für ihr Bedürfnis, sich selbst zu organisieren.

Unternehmen unterliegen einem fatalen Irrtum, wenn sie glauben, Work-Life-Balance bedeute für jeden dasselbe. Man kann dasselbe zeitgemäße Stück »Work-Life-Balance« im Orchester, als Rockklassiker oder auch Independent spielen: Es kommen dabei natürlich komplett unterschiedliche Interpretationen heraus: »Anrecht auf eine 35-Stunden-Woche und viele Pausen« heißt es hier, »Flexibel arbeiten« dort und »Tolle Recreation-Zonen« in der dritten Variante.

Work-Life-Balance hat viele Gesichter

Interview mit Henrik Zaborowski

Henrik Zaborowski ist einer der nettesten Personalberater, die ich über das Internet finden konnte. Er ist verheiratet und hat zwei Kinder. Seit mehr als einem Jahrzehnt arbeitet er als Personalberater und interner Recruiter. Inzwischen ist er als Berater selbstständig tätig und bloggt mit bei www.personalblogger.net.

Wie haben Sie selbst Karriere gemacht?

Nach meinem Studium legten der Zusammenbruch des Neuen Markts und der 11. September eine erfolgreiche Karriere als Personalberater erst einmal auf Eis. Nach drei Jahren Selbstständigkeit hatte ich eine super Zeit bei der access AG in Köln. Ich war sehr erfolgreich, aber mit der Zeit fehlten mir die Herausforderungen. Die Aufgabe, bei einer Talent-Management-Beratung die Personalberatung nochmal »neu zu erfinden« und aufzubauen, war spannend. Ein Kunde von mir warb mich dann ab, als interner Recruiter. Ich sah Chancen, aber auch Risiken – die sich am Ende auch bestätigten. Jetzt bin ich wieder als selbstständiger Berater unterwegs.

Wie ticken Bewerber heute?

Meines Erachtens haben sich durch die Krisen der letzten Jahre eine gewisse Ernüchterung und ein neuer Pragmatismus eingestellt. Viele sind vorsichtiger mit einem Wechsel geworden. Sie warten ab, ob ein beginnender Aufschwung auch hält, was er verspricht. Und hinterfragen stärker, was hinter den tollen Versprechungen der Unternehmen steckt. Ich würde sagen, viele Bewerber haben ihre Blauäugigkeit verloren. Top-Experten, die wissen, dass sie gefragt sind, sind da sicherlich risikofreudiger und nehmen die Chance eines Wechsels (mit entsprechendem Gehaltssprung) eher in Kauf.

Was hat sich gegenüber früher verändert?

Die Unsicherheit ist einfach viel größer geworden. Die klassischen Karrierewege, bei denen ich mich jahrelang in einem Unternehmen weiterentwickeln konnte, gibt es kaum noch. Die Arbeitsverhältnisse werden flexibler, nicht mehr so bindend – von Zeitverträgen bis hin zu Zeitarbeit/Arbeitnehmerüberlassung. Ein weiterer Trend geht zur Beauftragung von Freiberuflern und Interim Managern.

Was bieten Unternehmen heute mehr als früher?

Ganz ehrlich? Ich sehe da wenig. Eine gewisse Flexibilisierung der Arbeitszeit, ja. Home-Office-Möglichkeit, teilweise betriebseigene Kindergartenplätze. Aber das nicht aus reiner Menschlichkeit, sondern weil es den Umständen geschuldet oder auch einfach günstiger ist. Nichts, was mich wirklich umhaut.

Wo hakt es noch?

Wir haben einen echten Generationenkonflikt. Die Jungen brauchen in dieser Unsicherheit heute stärker die Unterstützung der Alten. Aber die reagieren nicht. Mein Eindruck ist: Die wollen nicht. Sie haben es auch nicht nötig. Sie verwalten nur noch das, was sie haben und kennen. Und suchen ihr Heil in Kostensenkungen in der Krise. Damit fehlen der jungen Generation nicht nur die Mittel und die Entwicklungsmöglichkeiten, sondern auch die Vorbilder. Es muss eine ganz neue Unternehmergeneration entstehen. Das geschieht heute schon, aber das dauert.

Wie erkennen Bewerber die Firma, die zu ihnen passt?

Das Problem ist ja, dass die meisten Unternehmen so groß sind, dass allgemeine Aussagen darüber, »wie es im Unternehmen ist«, schwierig sind. Arbeitgeberportale wie kununu sind da natürlich eine erste Hilfe. Ich empfehle jedem, viel stärker seine persönlichen Netzwerke zu nutzen. Mich interessiert ein Arbeitgeber? Ich habe konkrete Vorstellungen, wie ich arbeiten will? Dann los, das Netzwerk fragen. Wer kann mir erzählen, wie es bei Unternehmen X wirklich ist? Es kostet etwas Arbeit. Aber es funktioniert.

Finden Sie Ihr Karrieresystem

Karriere beginnt zumeist mit einem Irrtum: Man meint, es gehe darum, seinen Interessen zu folgen und einen dazu passenden Beruf zu finden. Besser ist es aber, seine Kompetenzen zu entwickeln und ein berufliches Umfeld zu finden, in dem die eigene Persönlichkeit wachsen und gedeihen kann. Erst mit den Erfahrungen und vor allem den Rückmeldungen durch andere wird das Bewusstsein für die eigenen Stärken reifen, werden Talente entdeckt und tiefere Leidenschaften entstehen.

Viele Berufe im akademischen Bereich – jenseits von Arzt, Jurist und Ingenieur – haben keine genormten Namen mehr, was leider die Identifikation mit ihnen erschwert. So wird höchstwahrscheinlich kein 18-Jähriger davon träumen, Key-Account-Manager oder Projektleiter zu werden. Das sind aber heute typische Berufe! Wir müssen also unser Denken an dieser Stelle korrigieren. Es nützt nichts, für Journalismus zu interessieren, wenn man nicht der Typ ist, der in diesem herausfordernden Umfeld erfolgreich sein kann.

Nichts ist für Ihren weiteren Erfolg wichtiger als erste positive Berufserfahrungen. Sie müssen das Gefühl haben, etwas in sich entfalten zu können. Entscheidend ist ein passendes Umfeld, eines, das das Beste in Ihnen freisetzt, das im wahren Sinn des Wortes »fruchtbaren« Boden bietet. In so einem Umfeld ist eine persönlichkeitsgerechte Karriere möglich. Doch bedenken Sie immer: Nicht jeder wächst überall gleich gut! Eine Eiche würde im Dschungel schnell eingehen, und die Orchidee kann in Nordeuropa nur mit Treibhaus-Unterstützung gedeihen.

Erste positive Berufserfahrungen

Der eine Mitarbeiter wird in Unternehmen 1 als unfähig für Führungsaufgaben abgestempelt und aufgrund dessen freigesetzt, aber in Unternehmen 2 für seine Führungskompetenz gelobt und befördert. Die andere Mitarbeiterin wird von einem Arbeitgeber für ihre gute Leistung ausgezeichnet und am nächsten Arbeitsplatz als »Underperformerin« geschasst.

Diese Unterschiede schlagen sich auch in den Evaluierungen, den Mitarbeiterbeurteilungen, nieder. Je mehr Sie also wissen, zu welchem Karrieresystem Sie passen, desto eher werden auch die Einschätzungen Ihrer Leistungen gut ausfallen. Susanne Kaiser, Chief Technology Officer bei Just Software AG (siehe Interview auf S. 97), mag es, wenn ihr Team gut zusammenarbeitet und Freude bei der Arbeit hat. Damit gehört sie zu den Menschen, die sich in familienorientierten Unternehmen (Family Career) und im kooperativen Umfeld (Cooperative Career) wohlfühlen. Für Menschen, die in einem »Performance-System« aufgehen, ist das nichts.

Im Folgenden lernen Sie die sieben Karrieresysteme nacheinander kennen. Zu jedem Karrieresystem gehört ein entsprechender Worklifestyle. Das Karrieresystem ist das, was das Unternehmen bietet, der Worklifestyle ist der präferierte Arbeitsstil des Mitarbeiters. Im Karrieresystem »Family Career« arbeitet also jemand mit »Family Style« am besten, in der »Better-World-Career« blüht der »Better-World-Style« auf.

Karrieresystem und Worklifestyle

Am Ende des Buches können Sie mit einem Test herausfinden, wo

Ihre eigenen Präferenzen liegen. Aber vermutlich haben Sie schon beim Lesen der folgenden Seiten eine Idee.

Family Career

Ein Schwimmbad im Unternehmen? Erholung für die Mitarbeiter? Privatleben während der Arbeitszeit? Solche sympathischen und näheorientierten Ambiente bieten vor allem familienorientierte Unternehmen. Zu unterscheiden sind zwei Varianten dieses Karrieresystems: die fürsorglich-konservative und die fürsorglich-fortschrittliche.

An späterer Stelle werden Sie Marlene kennen lernen, die in einem Family-Career-Unternehmen der *fürsorglich-konservativen Variante* arbeitet. Meist sind diese Firmen familiengeführt und der Inhaber kümmert sich, sofern er keinen Vertreter hat, persönlich um Alte, Schwache, Kranke und die Sorgen seiner Belegschaft. Langgediente Betriebszugehörige empfehlen auch ihren Söhnen und Töchtern, hier zu arbeiten, und wünschen sich, dass dies bis zur Rente möglich ist. Vielleicht gibt es sogar Prämien für Zugehörigkeit, zum Beispiel 5 Prozent mehr Gehalt, wenn man fünf Jahre angestellt ist.

In so einem Karrieresystem gedeihen Mitarbeiter, die treu und loyal sind. Leistungsträger dagegen, die weiterkommen und sich entwickeln wollen, könnten sich schnell ausgebremst fühlen. Der durchsetzungsorientierte Überflieger ist jedenfalls nicht gefragt.

Treue und loyale Mitarbeiter sind gefragt

Im Zuge der Globalisierung war die Family Career lange Zeit ein Auslaufmodell; nur wenige Firmen konnten sich der Internationalisierung entziehen. Familienunternehmen wurden aufgekauft und spätestens nach einer Übergangsphase von ein, zwei Jahren konnte alles anders sein als früher. Ich nehme hier momentan einen deutlichen Gegentrend wahr: Viele Firmen kommen wieder nach Deutschland zurück, ehemals ausgelagerte Abteilungen werden wieder »ingesourct«. Das sieht man etwa bei IT-Abteilungen, die Opfer des Outsourcing-Trends der 2000er Jahre waren. Die Unternehmen haben verstanden, dass sie damit eine Kernressource in fremde Hände gegeben haben.

Technologische Entwicklungen in der Produktion werden es in Zukunft möglich machen, dass auch kleine Betriebe effizient in Deutschland produzieren können.[3] Meine These ist deshalb, dass die Family Career eine große Zukunft hat. Den Unternehmen wird eine dauernde Personalzugehörigkeit wieder wichtiger, weil die Mitarbeiter nicht mehr nur Arbeitsroboter sind, die ersetzbar sind, sondern ihr Wissen über die Branche und das Unternehmen unersetzbar wird.

Mitarbeiter sind keine Arbeitsroboter

Wer Fürsorge und Vertrautheit sucht, eine Art zweites Zuhause, ist bei einem Family-Career-Unternehmen zwar richtig, sollte aber damit rechnen, dass bei der immer noch verbreiteten Übernahme durch andere Unternehmen, bei Fusionen und in konjunkturellen Krisenzeiten aus der friedlichen Koexistenz harter Machtkampf werden kann. Wenn Sie sich in Fürsorge-Karrieresystemen wohlfühlen, besonders gern in *einem* Unternehmen bleiben, sollte Ihnen das bewusst sein und die Auswahl des passenden Unternehmens mitsteuern. Ist es beweglich genug? Verändert es sich zeitgemäß? Oder ist es starr und alt? Starrheit wird früher oder später einen radikalen Umbau fordern – und dann verliert das Unternehmen seinen Charakter.

Die Führung in Unternehmen mit Family Career ist persönlich und menschlich. Das sogenannte »Management by walking around« (wobei der Manager durch die Produktion geht und ganz persönlich mit den Mitarbeitern spricht) kann verbreitet sein. Es herrscht also eine näheorientierte Kultur ohne Statusdünkel. Firmenwagen sind eher verpönt, maximal gibt es Poolwagen.

Näheorientierte Kultur ohne Statusdünkel

In der *fortschrittlich-fürsorglichen Variante* wird viel für die Mitarbeiter getan, was auch mit Wohlfühlen zu tun hat. Hier gibt es dann sogenannte Feelgood-Manager, die die Bedürfnisse von Mitarbeitern aufgreifen.

***Karlotta** arbeitet in einem 15-Personen-Verband. Sie sagt: »Ich habe eine so tolle Aufgabe und so tolle Kollegen, dass es für mich keinen Grund gibt, hier wegzugehen. Ich lerne so viel – und meine Chefin gibt mir immer wieder Neues und schickt mich auf Schulungen, wenn ich es möchte. Auch wenn ich woanders mehr verdienen könnte – diese Karriere fühlt sich für mich gut an.«*

Dieses Karrieresystem ist ideal für Sie, wenn Sie regional verhaftet sind, Traditionen schätzen und eine längere Firmenzugehörigkeit suchen. Recherchieren Sie entsprechende Unternehmen unter den unbekannteren Mittelständlern und personengeführten Familienfirmen, unter Hidden Champions und Betrieben in zweiter und dritter Generation, aber auch unter Neugründungen und Start-ups. Achten Sie aber darauf, dass das Unternehmen so gut aufgestellt ist, dass es nicht bald übernommen wird. Ein Alarmzeichen ist meist, wenn Unternehmen bereits von ausländischen Firmen oder Investoren gekauft wurden. Gestiegener harter Wettbewerb kann ein Indikator dafür sein, dass bald ein schärferer Wind wehen könnte. Dies sieht man aktuell etwa in der Medienbranche. In großen Verlagen, die auch einmal als familiär galten, weht eine steife Brise, weil das Neue sich durchsetzen muss. Wird der Wandel schlecht gemanagt, verschlechtert sich die allgemeine Stimmung deutlich.

Bewerben Sie sich traditionell

Hören Sie sich in Ihrem Bekanntenkreis nach familiären Unternehmen um. Bewerben Sie sich in traditioneller Form und mit Begeisterung für das Unternehmen. Zeigen Sie in Ihrer Bewerbung Ihre Verbundenheit auf, etwa weil schon Ihr Onkel für die Firma tätig war. Loben Sie das soziale Engagement des Unternehmens in der Region, aber bleiben Sie selbst bescheiden. Selbstdarsteller sind in einem solchen Umfeld nicht gern gesehen.

Handelt es sich um ein Start-up oder ein junges Unternehmen, also eine fürsorglich-fortschrittliche Firma, kann die Bewerbung auch mutiger sein und zeitgemäß, etwa als Video oder Infografik. Schauen Sie auf die Unternehmens-Website, um herauszufinden, was »state of the art« sein könnte. Bei Rügenwalder Mühle ist das oft etwas ganz anderes als bei einem Anbieter von Browsergames.

Kennzeichen dieses Karriere-systems	Familiäres Umfeld und viel Fürsorge sowie persönliche Bindungen. Der Mitarbeiter soll sich wohlfühlen.
Die Strategie hier …	Sich für das Unternehmen und die Kollegen einsetzen. Die Interessen aller im Blick haben.
Zentrale Werte	Treue, Loyalität, Fürsorge, Verlässlichkeit, Verantwortung für die Mitarbeiter und eventuell auch für die Region
Wie verbreitet?	Gerade in Familienunternehmen, kleineren Einheiten und auf dem Land noch sehr verbreitet. In der modernen Form in Start-ups. Abteilungs- und themenbezogen: Personal, Innendienst, Sachbearbeitungen, Programmierung
Leitfiguren für dieses System	Wolfgang Grupp von Trigema (konservative Interpretation) Spreadshirt-Gründer Lukasz Gadowski und Start-ups mit »Feelgood-Manager« (moderne Interpretation)
Ideal	Wenn es Ihnen wichtig ist, dass der Arbeitgeber Loyalität belohnt, und Sie Zugehörigkeit und Fürsorge schätzen.
Vorsicht	Wenn neue Zeiten aufziehen, dann kann es ungemütlich werden. Vergessen Sie nicht, sich weiterzubilden. Denn anders als früher ist eine Karriere hier womöglich nicht für das ganze Berufsleben angelegt.
Bewerbungs-tipp	Traditionell und mit Understatement ist der Stil der Wahl, wenn Sie in ein konservatives Unternehmen möchten. Sonst ruhig peppig und persönlich. Ein persönliches Anschreiben, das Begeisterung für das Unternehmen zeigt, könnte gut ankommen. Ich habe erlebt, dass da sogar jemand punkten konnte, der sich auf zwei Seiten ausbreitete – was sonst ein Tabu ist.

Dynamic Career

Vorsicht, kaltes Wasser. Dieses Karrieresystem ist nichts für Menschen, die es kuschelig mögen (siehe Family Career). »Beweis mir, dass du das kannst«, sagte der Geschäftsführer eines Dynamic-Career-Unternehmens zu seiner Mitarbeiterin, die das komplett verschreckte. »Aber wie denn?«, fragte sie. »Was genau soll ich machen?« Seine Antwort: »Überrasch mich!« Das ist charakteristisch für diese Art von Unternehmen, in denen man oft schnell weiterkommen und Karriere machen kann – sofern man der Typ dafür ist. Ich würde die für dieses System geeigneten Menschen als Gestalter bezeichnen: Menschen, die sehr energiegeladen sind, selbstbewusst und mit viel Drive.

Für Gestalter geeignet

Die Dynamic Career kann, wie alle Karrieresysteme, positiv oder negativ gelebt werden. Positiv gelebt ermöglicht sie den Mitarbeitern viel: enorme Gehaltssprünge und eine rasche Beförderung leistungsstarker Mitarbeiter. Es gibt wenig Grenzen und kaum Regeln. Prozessanleitungen muss man hier nicht befürchten; Freiräume gibt es genug. Partys und Feiern gehören oft auch dazu – und sorgen dafür, dass auch Menschen sich wohlfühlen, die keine Alphatiere sind, aber von diesen protegiert werden.

Negativ interpretiert gibt es Alphatiere, die schalten und walten, wie sie wollen. Ungezügelter Kapitalismus ist ebenso wie Bestechung ein starkes Signal für eine »umgekippte« und negativ gelebte Dynamic Career.

Die Dynamic Career ist während des Auf- und Umbaus von Unternehmen und in Veränderungssituationen oft besonders verbreitet. Sie ist eher in kleinen Unternehmen oder Einheiten zu Hause. Menschen mit einer starken Selbstüberzeugung setzen sich hier durch, die besten Karten haben also »Selbstdarsteller« und gute Verkäufer in eigener Sache.

***Georg** arbeitet in einer Werbeagentur. Er sagt: »Ich kann hier so viel bewegen und gestalten und meine Ideen einbringen. Es kommt darauf an, sich auch darzustellen und mit Kunden auf Augenhöhe zu sprechen, die einen manchmal dafür bewundern, dass man so kreativ sein darf. Wer gut ist, kommt weiter. Das gefällt mir.«*

Meiner Beobachtung nach setzt sich die Dynamic Career leichter in weniger reglementierten Umfeldern durch, etwa in den Medien, Agenturen oder in kleineren Firmen oder relativ autonomen Einheiten größerer Unternehmen – etwa in einer Spartenorganisation. Die Divergenz zwischen Sparten- und Unternehmensinteressen wird häufig als Nachteil dieser Organisationsform angesehen. Die Spartenorganisation kommt Alphatieren tatsächlich eher entgegen als andere Organisationsformen. Sie führt zu einer negativen Interpretation der Dynamic Career, bei der am Ende das Dynamische in Blockadehaltungen einzelner Machthaber ausufert. In modernen Unternehmen mit dynamischer Kultur sind Mechanismen eingebaut, um das zu verhindern, etwa durch Personalentwicklung und laufende strukturelle Veränderungen. Die natürlichen Feinde einer ausufernden Dynamic-Kultur sind der Unternehmensbereich »Compliance«, der immer wichtiger wird, und die interne Revision.

Dynamic Career kann es sowohl im konservativen Umfeld als auch in modernen Firmen geben. Der Impuls der in einem solchen System erfolgreichen Mitarbeiter ist aber ähnlich: Es geht darum, möglichst wenig Vorgaben zu haben und etwas aufbauen und seine eigene Arbeit und Ergebnisse mitformen zu können. Dabei ist es wichtig, die richtigen Menschen – Einflussreiche – auf seine Seite zu ziehen. Auch dieses Merkmal kann positiv und negativ interpretiert und gelebt werden. Positiv sind zum Beispiel Netzwerke, negativ Seilschaften.

Netzwerke oder Seilschaften?

In älteren Karriereratgebern werden viele Empfehlungen vor dem Hintergrund einer Dynamic Career gegeben. Dazu gehört die Empfehlung, erst mal zu beobachten und dann die richtigen Personen zu identifizieren, mit denen man sich verbündet und gutstellt. Fälschlicherweise wird hier aber oft auf eine Anpassungsstrategie gesetzt – wer Karriere machen will, soll sich geradezu »durchschleimen«. Das ist eine Taktik, die in einer modern gelebten Dynamic-Kultur ganz und gar falsch ist. Hier kommen diejenigen gut an, die sich durchsetzen können und eine eigene Meinung vertreten.

Bewerben sollten Sie sich mit optimalen Selbstdarstellungen. Stellen Sie heraus, was Sie erreicht und aufgebaut haben. Gern gesehen sind »Macher« und Menschen, die bewiesen haben, dass sie sich durchsetzen können. Auch Unternehmertypen werden hier eher geschätzt als anderswo.

Eine optimale Selbstdarstellung als Bewerbung

Kennzeichen dieses Karriere-systems	Der Sprung ins kalte Wasser wird mit viel Gestaltungsfreiraum und schnellem Weiterkommen belohnt.
Die Strategie hier …	Sich gut selbst darstellen, durchsetzen und zum eigenen Vorteil vernetzen können.
Zentrale Werte	Durchsetzungsvermögen, Macht, Individualismus, Selbstdarstellung; Feiern, Spaß haben, Erfolg, Partys
Wie verbreitet?	Sehr verbreitet in bestimmten Branchen wie den Medien, sonst bei Unternehmen bis hin zur Konzerngröße. Es kann auch sein, dass nur einzelne Bereiche dynamisch sind. Abteilungs- und themenbezogen: Vertrieb, Marketing
Leitfiguren	Bushido, Carsten Maschmeyer, Richard Branson, Steve Jobs (in der Organisation und Führung seines Unternehmens)
Ideal	Wenn Sie schnell Karriere machen wollen und ein extrovertierter, durchsetzungsstarker Typ sind.
Vorsicht	Wenn Sie Anleitung suchen. Und: Wer schnell aufsteigt, kann ebenso rasch tief fallen. Das ist typisch für die negativen Seiten der Dynamic Career.
Bewerbungs-tipp	Stellen Sie Ihre Gestalterqualitäten heraus und Ihre Bereitschaft, den Erfolg des Unternehmens voranzutreiben. Stellen Sie sich gut und ergebnisorientiert dar.

Conventional Career

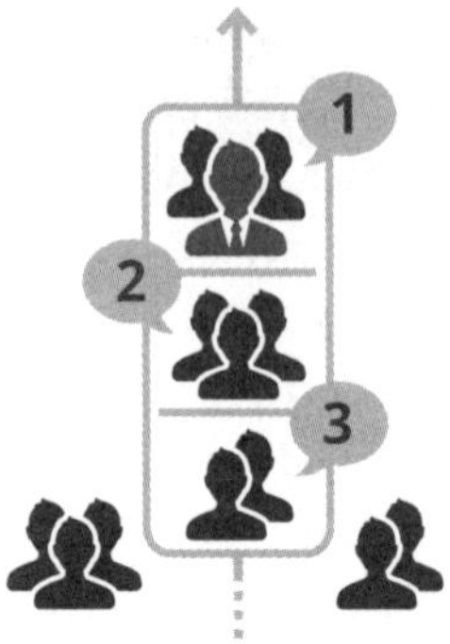

Kaltes Wasser? Bloß nicht! Die Conventional Career ist das Gegenmodell zur Dynamic Career. Hier ist warmes Wasser vorhanden, und man beginnt erst mal dort, wo man gut stehen kann. Menschen, die sich hier wohlfühlen, wollen langsam an die Dinge herangeführt werden.

Typisch für Konzerne

Konventionelle Karrieresysteme sind typisch für Konzerne und für Umfelder, die durch Vorschriften und Gesetze stark reglementiert sind, wie die Pharmabranche und das Gesundheitswesen. Hier wird alles kontrolliert und dokumentiert. Die Wege sind ausgezeichnet und beschrieben. Das ist das wesentliche Kennzeichen dieses Karrieresystems, das in Deutschland überaus verbreitet – man kann sagen »beheimatet« – ist. Es herrscht außerdem der Gedanke der Gleichheit und Gerechtigkeit, die Regeln gelten also (meist) für alle.

In der Conventional Career kommt derjenige weiter, der am längsten dabei ist und in der konservativen Variante aufgrund von Zugehörigkeit und Fleiß »an der Reihe« ist. Bisweilen sind diese Personen leider menschlich für Führungspositionen nicht geeignet. In der fortschrittlichen Interpretation sorgt ein Traineeprogramm mit Führungskräfteentwicklung für eine geordnete Laufbahn. Kontrollinstanzen gibt es natürlich in beiden Varianten: die Gleichstellungsbeauftragte, die für Geschlechtergerechtigkeit sorgt, und den Diversity Manager, der für eine geordnete Durchmischung, eine ausreichende Interkulturalität und ebenfalls für Geschlechtergerechtigkeit sorgt.

In Behörden und Verwaltungen wird die konventionelle Karriere noch klassischer ausgelegt – im Sinne einer unflexiblen Schornsteinkarriere. Erst sehr langsam setzt sich hier ein Leistungsdenken durch, das meistens geordnet umgesetzt wird. Fleiß und ein Sich-hoch-Dienen werden belohnt. In der konservativen Interpretation von Wirtschaftsunternehmen gibt es Abteilungsleiter, Bereichsleiter, Gebietsleiter und so weiter mit genau umschriebenen Verantwortungsbereichen, die teilweise durchnummeriert sind, etwa als E2, E3 et cetera. E5 darf nicht so ohne Weiteres bei E3 hereinspazieren, das gehört sich nicht.

Unflexible Schornsteinkarrieren in Behörden

Die Arbeitszeit ist vorgegeben und wird gern auch in einem festen Rahmen Gleitzeit genannt. Die Gehälter sind tariflich gebunden.

Eine zu konservative Interpretation des Konventionellen macht Unternehmen behäbig und behindert Leistungsträger, da sie kaum weiterkommen. Sie sind vor allem dann frustriert, wenn nicht geeignete Mitarbeiter zur Führungskraft gemacht werden, sondern langgediente. Das versuchen viele konventionelle Unternehmen gerade zu ändern, weil sie natürlich sehen, dass sie auf diese Weise ihre besten Mitarbeiter verlieren. Sie bemerken auch, dass die Sicherheit, die ein konventionelles System zu bieten scheint, oft weniger leistungsstarke Mitarbeiter fördert.

Dieses Karrieresystem ist deshalb das System, das gerade den stärksten Wandel durchlebt: von konservativ-konventionell zu fortschrittlich-konventionell. Das bedeutet mehr Flexibilität, Verjüngung, mehr Freiraum und Wertschätzung von Leistung. So bietet etwa SAP trotz konventioneller Strukturen viel Neues und Zeitgemäßes. Es stellt inzwischen Menschen mit Asperger-Syndrom ein, einer milden Form des Autismus. Diese eignen sich normalerweise nicht für Teamarbeit, aber ideal für konzentrierte Detailtätigkeiten. Das ist ein gutes Beispiel für die Förderung von Diversity, also Vielfalt, die sich nicht nur auf Kulturen und Geschlechter bezieht.

Mehr Flexibilität und Wertschätzung von Leistung

Eine Mitarbeiterin aus einer durch Conventional Career geprägten Finanzbehörde schrieb mir kürzlich: »Es ist schwierig, all die Veränderungen positiv zu sehen. Da haben wir jetzt plötzlich eine 30-jährige Chefin. Aber ich erkenne inzwischen: Führung ist keine Frage des Alters, sondern der Kompetenzen.« Haltungen und Einstellungen transformieren sich eben auch mit der Veränderung.

__Felix__ absolviert ein Traineeprogramm in einem Konzern. Er sagt von sich: »Ich brauche einen Rahmen und muss wissen, was ich tun muss, um mich zu entwickeln. Das wird bei uns sehr gut kommuniziert. Es wird auch gesagt, dass ich einen Master brauche, um bestimmte Positionen zu erreichen. Das gefällt mir gut, und dafür nehme ich in Kauf, dass es manche überflüssige Prozesse gibt.«

Modernde konventionelle Firmen übernehmen Verantwortung für ihre Mitarbeiter und wissen, dass sie keine lebenslange Arbeitsplatzgarantie bieten können. »Mach das Beste aus deinem Profil, entwickle dich«, ist der Glaubenssatz, der diese Unternehmen leitet. Eines der ersten großen Unternehmen, die sich diesem Gedanken verschrieben haben, ist IBM, das für jeden Mitarbeiter Profile führt und Prognosen abgibt, wie die Chancen des Einzelnen in den nächsten Jahren am Arbeitsmarkt sein werden. So kann rechtzeitig gehandelt und das Profil angepasst werden. IBM zeigt damit, dass ihm etwas an der »Employability« seiner Mitarbeiter liegt, also deren Beschäftigungsfähigkeit.[4]

Dreigliedrige Karrierewege

Fortschrittlich-konventionelle Unternehmen bieten zudem oft dreigliedrige Karrierewege an: die Fach-, die Projekt- und die Führungskarriere. Solche klaren Strukturen mögen Menschen, die gern einen Rahmen haben und wissen wollen, was als Nächstes kommt.

Bewerben sollten Sie sich in einem konventionellen Unternehmen, indem Sie sich an altbekannte Regeln halten: tabellarischer Lebenslauf, sauber unterschrieben, nicht zu viele Schnörkel, Foto und Zeugnisse bis hin zum Abitur. Ungewöhnliche Wege sind hingegen in diesem konservativeren Umfeld nicht so gern gesehen. In fortschrittlich-konventionellen Firmen darf es auch ruhig ein angloamerikanisierter Lebenslauf sein, der leistungsorientiert aufgebaut ist.

Kennzeichen dieses Karrieresystems	Alles ist geregelt, es herrscht Struktur und Ordnung. Die Karriere ist klar vorgezeichnet.
Die Strategie hier …	Sich an Prozesse und Hierarchien zu halten und fleißig zu sein.
Zentrale Werte	Ordnung, formale Kompetenz, Regeln, Gesetze, Struktur, Vorgaben, lange Zugehörigkeit
Wie verbreitet?	Sehr verbreitet in Behörden, dem öffentlichen Dienst, aber auch traditionelleren größeren Unternehmen aus konservativen Branchen und Konzernen. Abteilungs- und themenbezogen: Rechnungswesen, Controlling, Revision, Compliance
Leitfigur	Wolfgang Schäuble
Ideal	Wenn Sie Wert auf Ordnung legen und geregelte Prozesse. Wenn Sie strukturiert entwickelt werden wollen.
Vorsicht	Sehr flexible, unangepasste und leistungsorientierte Persönlichkeiten werden sich hier nicht auf Dauer wohlfühlen.
Bewerbungstipp	Hier ist der tabellarische, lückenlose Lebenslauf mit klarer Ordnung noch sehr gut aufgehoben. Zeugnisse sollten vollständig sein und Anschreiben nicht zu viele Schnörkel enthalten.

Performance Career

Steve Jobs hat einmal einer ganzen Abteilung gekündigt, weil sie zu wenig geleistet hat. Solch ein konsequentes Verhalten findet sich typischerweise in leistungsbezogenen Unternehmen: Wer seinen Job schlecht macht, fliegt. In den USA ist die Leistungskarriere dominierend, bei uns allerdings verhindert das Kündigungsschutzgesetz, dass dieses Karrieresystem in seiner vollen Ausprägung bestehen kann.

Effizienz und Ziele spielen bei der Performance Career eine große Rolle. Zielvereinbarungen und leistungsorientierte Vergütungen sind selbstverständlich. Es wird gemessen und bewertet. Feedbacksysteme, wie das 360-Grad-Feedback, sind hier üblich. Über allem steht »Performance« als dicke Überschrift! Jeder wird, je nach Output, einer bestimmten Performance-Stufe zugeordnet: Da gibt es die Top-Performer, auch Key-Contributor genannt, die Performer, und schließlich die Low-Performer – kurz: A, B oder C. Dabei sind A die oberen 10 Prozent, also die Top-Performer. C, die Low-Performer, stellen 20 Prozent. Diese Gruppe nennen Managementexperten auch »Nine-to-fiver« – weil sie normalerweise nicht mehr arbeiten, als unbedingt nötig ist. Es bleiben 70 Prozent für B, also die Mitte. Das entspricht der Gaußschen Normalverteilung, Glockenkurve genannt. Oft nimmt man in B weitere Einteilungen vor, etwa um auszudrücken, dass jemand Potenzial nach oben hat und auf dem Sprung zu A ist.

Von Top- bis Low-Performer

Die Performance Career kann positiv und negativ gelebt werden, wie alle anderen Karrieresysteme auch. Sie kann in Unbeweglichkeit erstarren, wenn zu viel Regelwut in ihr steckt – etwa wenn Manager auf Biegen und Brechen 10 Prozent ihrer Mitarbeiter als Top-Performer einstufen müssen, nicht mehr und nicht weniger, und dies unflexibel mit Checklisten tun. Dazu ein Beispiel: Einer Führungskraft untersteht eine Abteilung mit zehn Mitarbeitern, sie darf also statistisch gesehen einen Top-Performer haben. Nun sind in ihrer Abteilung aber drei Leistungsträger – die Führungskraft steckt in einem Dilemma, noch mehr jedoch die Mitarbeiter. Ins Negative schlägt das Pendel auch aus, wenn die Leistung des Einzelnen zu stark betont wird. Ein gut entwickeltes Unternehmen mit Performance Career bewertet deshalb auch die Teamleistung und ist beweglich genug, um zu erkennen, dass es wichtig ist, persönliche Fähigkeiten zu entwickeln, damit Leistung erbracht werden kann.

Karl *ist CEO: »Für mich müssen die Ergebnisse stimmen. Ich denke gern strategisch und dazu gehört auch eine Messbarkeit von Maßnahmen. Ich erkenne Menschen an, die gute Leistung bringen, und schätze Bücher wie Stephen Coveys »Die 7 Wege zur Effektivität«. Wenn ein Mitarbeiter nichts leistet, muss man ihm ein klares Feedback geben und sich von ihm trennen, falls es nicht besser wird. Dabei lege ich Wert auf einen freundlichen und fairen Umgang.«*

Bewerben sollten Sie sich in Performance-Career-Unternehmen mit Argumenten, die diese am besten verstehen: 80 Prozent Umsatzsteigerung, 90 Prozent Zielerreichung, erfolgreiche Neukundenakquise, belastbarer »Track-Record«. Das funktioniert durchaus auch auf Absolventenniveau: Sie haben Ihr Studium in Regelzeit beendet oder waren gar ein Turbostudent[5] oder haben eine studentische Unternehmensberatung aufgebaut.

Messbarkeit spielt hier in allen Bereichen eine große Rolle, auch bei der Personalentwicklung. Dabei integrieren fortschrittliche Performance-Unternehmen die neuesten Kenntnisse, etwa die, dass Noten nur bedingt eine Aussage über den zukünftigen beruflichen Erfolg haben. Google hat durch die Auswertung von aussagekräftigen Daten herausgefunden, dass Leistung im Beruf und Noten in der Ausbildung wenig miteinander zu tun haben. Google hat deshalb sein früheres Einstellungskriterium revidiert. In den USA werden immer mehr Mitarbeiter ohne College-Abschluss eingestellt.[6] Auch die vertraglich zugesicherte Möglichkeit, eigenen Projekten während der Arbeitszeit nachzugehen, wie sie Google einräumt (20 Prozent der Arbeitszeit können für die Entwicklung und Realisierung eigener Ideen verwendet werden), findet sich vor allem in Unternehmen, die ihr Performance-Karrieresystem modern auslegen.

Noten und Leistung im Beruf

Unternehmerische Erfahrung – auch neben dem Studium erworben – kommt hier gut an. Formulieren Sie in Ihrem Anschreiben, worauf Sie stolz sind. Am besten eignet sich hier natürlich etwas, das Sie selbst erreicht haben. Das kann auch die Teilnahme an einem Marathonlauf unter vier Stunden sein.

Kennzeichen dieses Karrieresystems	Belohnt wird, wer messbare Leistung bringt.
Die Strategie hier …	Definierte Ziele zu erreichen – und überzuerfüllen.
Zentrale Werte	Leistung, Resultate, Ergebnisse, Optimierung, Effizienz, Performance, Ziele, Status, Statussymbole, Hire and Fire
Wie verbreitet?	Fast alle Strategieberatungen von McKinsey über Boston Consulting bis Booz. Verbreitet im amerikanischen und asiatischen Raum, wobei bei den Asiaten aufgrund der kollektivistischen Kultur eher die Gesamtleistung als die des Einzelnen betont wird. Abteilungs- und themenbezogen: Vertrieb, Management, Strategie
Leitfiguren	McKinsey-Chef Roland Berger, Google
Ideal	Wenn Sie es weiterbringen wollen und bereit sind, dafür so richtig anzupacken. Wenn es Sie motiviert, daran zu arbeiten, in den Kreis der Besten aufzusteigen.
Vorsicht	Wenn Sie nicht gern gemessen werden möchten.
Bewerbungstipp	Stellen Sie Erfolge heraus und das, was Sie erreicht haben. Rubriken wie »Beiträge zum Geschäftserfolg« passen hier gut in die Bewerbung.

Cooperative Career

»Hey du, sag mal, würdest du auch die Aufgabe X übernehmen?!«, ruft der Mitarbeiter eines kleinen Unternehmens mit Cooperative

Career einer Bewerberin zu, die gerade aus dem Vorstellungsgespräch kommt. So sind sie – unkompliziert, mit wenig Regeln, ohne Hierarchie.

»Cooperation« hat im Englischen mehrere Bedeutungen. Vor allem bedeutet es: »das Miteinander«. Cooperative ist davon abgeleitet und weist darauf hin, worum es in diesem Karrieresystem geht: um das Gemeinsame, ja mitunter sogar das »Genossenschaftliche«. Jeder hat Anteil am Erfolg, hier ist kein Platz für Egoisten und Einzelkämpfer. Gefragt sind Personen, die es sozial und persönlich mögen und gern mit anderen zusammenarbeiten.

Nichts für Einzelkämpfer

Wenn Sie also Ihre Leistung am liebsten und am besten in enger Zusammenarbeit entfalten, ist das kooperative Karrieresystem das richtige für Sie. Es ist verbreitet in Start-ups und manchen anderen kleineren Unternehmen. Auch fortschrittliche Firmen, die oft als Beispiel für moderne Führungskultur zitiert werden, setzen auf dieses System. Natürlich gibt es hier ebenfalls unterschiedliche Interpretationen, negativer und positiver Art. Wenn die Kooperation nur zu endlosen Diskussionen führt und Leistung verhindert, dann ist dieses System anstrengend und wenig befruchtend. Wenn das Gemeinsame dabei hilft, zu besseren Ergebnissen zu kommen, macht es Spaß.

***Marion** arbeitet als Maschinenbautechnikerin in einer kleinen Firma: »Bei uns hat zwar jeder seine Aufgabe, aber Entscheidungen treffen wir immer in Rücksprache. Jeder nimmt Rücksicht auf den anderen, und Abteilungsgrenzen gibt es bei uns nicht. Der Chef hält sich zurück, überlässt uns die Verantwortung, mit den Kunden zu sprechen, und legt auch sehr viel Wert auf unsere Meinungen und Einschätzungen.«*

Gute Cooperative-Career-Unternehmen wissen, dass Entscheidungen besser nicht in Gruppen gefällt werden, sondern durch konsultative Einzelentscheide. Dabei wird eine Person bestimmt, die die Entscheidung letztendlich trifft, aber erst nachdem sie mit vielen Personen im Unternehmen gesprochen und sich beraten hat.

Konsultative Einzelentscheide

Guten Unternehmen ist auch bekannt, dass ein gewisser Anteil an Einzelarbeit und Rückzugsmöglichkeiten selbst die Leistung von Teamplayern verbessert. Ist ein Team zu »nett«, könnten sonst Ergebnisse auf der Strecke bleiben. Kleinere Firmen haben es leichter als große, den kooperativen Charakter zu erhalten, wozu auch die komplette Abschaffung von Führungskräften oder traditionellem Management gehören kann.

In einigen, meist jüngeren und dynamischeren Konzernen gibt es einzelne Abteilungen, die Menschen mit einem *Cooperative Worklifestyle* ansprechen. Doch da Hierarchien dem Grundgedanken der Gleichheit entgegenstehen, gibt es in Konzernen selten eine »Cooperative Culture« über alle Abteilungen. Schon die Tatsache, dass man sich je nach Hierarchieebene wie etwa bei der Daimler AG einen unterschiedlichen Firmenwagen aussuchen kann, widerspricht einem solchen Karrieresystem. Cooperative Career bedeutet: keine Führungskräfte und erst recht keine Vorgesetzten, sondern Teamleiter oder Teamcoachs. Neuinterpretationen von Führung haben ihren Ursprung in diesem Karrieresystem. Ein Führungsverständnis als »Organisation von Zusammenarbeit« (Reinhard Sprenger) oder als »Dienstleistung« für die Mitarbeiter kann sich in der Cooperative Career leichter durchsetzen als in anderen Systemen.

Teamcoachs- statt Führungskräfte

Die angestammte Heimat der Teamkarriere ist der skandinavische Raum. Viele Firmen in Dänemark, Norwegen und Schweden, aber auch in den Niederlanden sind eher kooperativ ausgerichtet.

Neben der Family Career ist die Cooperative Career das beliebteste Modell bei gut ausgebildeten Angehörigen der Generation Y – sofern Sie nicht von einer McKinsey- oder Boston-Consulting-Karriere fasziniert sind. Menschen mit Cooperative Worklifestyle haben meist eine Abneigung gegen Leistungsegoismus und zur Schau gestellten Status. Sie finden es befremdlich, wenn die Bereichsleiter einen Audi A6 als Firmenwagen bekommen und normale Mitarbeiter Smart fahren. Überhaupt finden sie Autofahren nur bedingt gut, wenn auch ein Fahrrad seinen Dienst tut.

Bewerben Sie sich in Unternehmen mit Cooperative Career am besten über persönliche Kontakte. Ideal ist es, wenn Sie jemand empfehlen kann. Wenn nicht, schreiben Sie sympathisch und gern auch etwas kreativer. Infografiken oder Comics – vieles ist erlaubt, solange es zum Unternehmen passt und der Funke überspringt. Auch ungewöhnliche Wege, etwa eine Blogbewerbung oder ein unkonventionelles Anschreiben, sind absolut in Ordnung.

Bewerbung über persönliche Kontakte

Kennzeichen dieses Karrieresystems	Eine gute Arbeitsatmosphäre mit viel Kollegialität und Zusammenarbeit und ohne autoritäre Führung.
Die Strategie hier …	Gemeinsam mit anderen Ideen zu entwickeln und das Unternehmen voranzubringen.
Zentrale Werte	Kooperation, Teamgeist, Wertschätzung, gegenseitige Förderung und Akzeptanz
Wie verbreitet?	In Start-ups, aber auch in vielen kleineren Agenturen sowie mittelständischen Unternehmen. In Skandinavien und den Niederlanden. Abteilungs- und Themenbezogen: Am kooperativsten ist oft die Personalabteilung, aber auch IT oder Forschung & Entwicklung sind meist kooperativer als etwa der Vertrieb.
Leitfiguren	Gründerteams wie die drei Geschäftsführer von Jimdo
Ideal	Wenn Sie es nett mögen und beziehungsorientiert sind. Wenn es Ihnen wichtig ist, Dinge gemeinsam mit anderen auf die Beine zu stellen.
Vorsicht	Wenn Sie gar keine Lust auf Aktivitäten mit Kollegen haben und das Du in der Kommunikation ablehnen. Wenn Ihnen Status wichtig ist.
Bewerbungstipp	Schreiben Sie sympathisch und sagen Sie, was Ihnen wichtig ist. Betonen Sie die Dinge, die Sie im Team mit anderen erledigt haben, und nicht nur Ihre Eigenleistungen.

Flexi Career

Stechuhren, Gleitzeit – was ist das? Nur die Arbeit zählt. Genauer genommen: das Ergebnis und der (kreative) Output. Die Flexi Career verkörpert das Karrieresystem mit der größtmöglichen individuellen Freiheit. Da vor allem Wissensarbeit schlecht in Zahlen zu messen und in Zeiten zu fassen ist, findet sich Flexi Career in sehr wissensintensiven Branchen, also zum Beispiel im technologischen Bereich. Sie ist auch verbreitet unter freiberuflichen Projektarbeitern. In den Unternehmen gibt es im Moment viele Ansätze und Übergänge zur Flexi Career, aber wenig davon in Reinkultur. Die Freiheiten sind meist nur teilweise umgesetzt und oft nicht für alle gegeben.

Die Arbeitszeit und die gesamte Vertragsgestaltung sind in Flexi-Unternehmen flexibel, Vier-Tage-Wochen und Home-Offices sind leichter umsetzbar als anderswo. Allerdings ist die Möglichkeit zum Home-Office allein kein Kennzeichen von Flexi Career. Es findet sich auch vielfach in der Performance-Career – nur dass hier die Arbeitszeiten gemessen werden. Das Home-Office der Flexi Career ist freier, da es keine Messinstrumente gibt.

Flexible Vertragsgestaltung

Reid Hoffman, Gründer von LinkedIn und Autor des Buches *Start-up of You* hat für Flexi-Unternehmen die »tour of duty« erfunden. Das sind Arbeitsverträge auf vier Jahre – Zeit genug, etwas aufzubauen und zu erneuern. Flexi-Stylisten mögen das, denn ihre Freiheit ist ihnen wichtig. Unternehmen, die eine Flexi Career bieten, lassen ihren Mitarbeitern viel Freiraum. Sie schätzen unternehmerisches Denken und Handeln. Sind sie fortgeschritten in ihrer Entwicklung, sehen sie Mitarbeiter als Geschäftspartner auf Augenhöhe. Solche Mitarbeiter können ihre Zeit frei einteilen, Hauptsache, sie leisten das, was sie leisten sollen.

Dass diese Mitarbeiter oft leidenschaftliche Lerner und Wissensanwender sind, versteht sich fast von selbst: Wer wenig Angst vor seiner beruflichen Zukunft hat, folgt mehr einem inneren Leitmotiv und braucht wenig Anreize von außen. Flexi Career ist deshalb vor allem in dynamischen Umfeldern verbreitet und kann auch nur hier für die ganze Belegschaft gelten (sonst werden es immer eher Teilbereiche sein, in denen Flexi Career möglich ist – meist jene, die technologielastig und wissensintensiv sind). In diesem Karrieresystem geht es darum, wirklich fundiertes Wissen einzubringen und das Unternehmen damit voranzubringen. Erfolg haben Menschen, die kompetent sind. Interdisziplinarität und Diversity werden großgeschrieben. Man erwartet gar keine gleichen Ansichten und Einstellungen, sondern findet unterschiedliche Positionen befruchtend.

Was ist Karriere?

***Sabrina** ist Informatikerin. Schon während des Studiums wurde sie von einem Start-up angesprochen. Seitdem arbeitet sie für dieses im Home-Office. »Ich beginne um 12 Uhr, manchmal auch erst nachmittags um 3. Dafür arbeite ich oft nachts. Das ist nun mal mein Rhythmus. Auf keinen Fall will ich irgendwohin, wo ich mich an Zeiten halten muss. Klar muss manchmal eine Besprechung um 9 Uhr sein, aber das sollte die Ausnahme bleiben. Wir alle arbeiten so flexibel. Das geht, weil wir nur 50 Mitarbeiter sind.«*

Flexi-Unternehmen goutieren Weiterbildung und finden es gut, wenn Mitarbeiter ihre Expertise auch im Internet zeigen (während andere Firmen oft fürchten, dass Fachkräfte, die sich online zur Schau stellen, abgeworben werden).

Die agile Netzwerkorganisation ganz ohne Hierarchien, in der Mitarbeiter flexibel und am Kundenbedürfnis orientiert zusammenarbeiten, ist ein Prototyp des flexiblen Unternehmens, in dem alles im Fluss ist und es keine Abteilungsgrenzen gibt. Doch auch hier gibt es natürlich ein Zu-viel-des-Guten. Was passiert, wenn die Flexibilität überhandnimmt, wie es etwa bei Yahoo der Fall war? Die sehr freien Mitarbeiter im Home-Office bewegten sich gar nicht mehr. Deshalb beorderte sie die neue Vorstandschefin Marissa Mayer zurück in die Büros.

Prototyp des Flexi-Unternehmens

Eine flexible Haltung schließt auch die flexible Einstellung zum Kompetenzerwerb ein: Es ist egal, ob jemand in Harvard studiert hat oder sein Wissen eigenverantwortlich durch den Besuch von Internet-Lehrveranstaltungen, wie sie etwa die Internetplattform Udacity bietet, erworben hat. Die Hauptsache ist, dass er/sie etwas kann.

Bewerbung mit Profil

Wenn Sie sich in einem Flexi-Karrieresystem bewerben, empfiehlt es sich, dem Lebenslauf ein sogenanntes Profil beizulegen, das die wichtigsten Fachkompetenzen auf einer A4-Seite übersichtlich zusammenfasst. Detailorientierte Fachverantwortliche mögen es, wenn Sie Ihre Projekterfahrung in einem Anhang ausführlich beschreiben. Ein Foto ist hingegen oft entbehrlich. Viele Flexi-Karrieristen nutzen für ihre Bewerbungen auch das Internet und ihre Social Networks sowie ihren meist großen Bekanntenkreis.

Kennzeichen dieses Karrieresystems	Maximale Autonomie, Arbeitszeit und -inhaltsgestaltung für Mitarbeiter, Kompetenz und die Integration von Verschiedenartigkeit sind wichtig. Oft Interdisziplinarität.
Die Strategie hier …	Das Beste aus seinem Freiraum zu machen, sein Profil zu erweitern und zu stärken. Sich selbst organisieren.
Organisationsform	Agile Netzwerkorganisation, ideal ohne Hierarchien
Zentrale Werte	Freiheit, Autonomie, Unabhängigkeit, Selbstverantwortung, Flexibilität, Wissen, Expertise, gelebte Diversity, gelebte Interdisziplinarität, Freelancertum auf Augenhöhe, Employability der Arbeitnehmer
Wie verbreitet?	Viele dynamische Technologiefirmen und Start-ups. Selten im ganzen Unternehmen, oft in Teilbereichen. Weiter verbreitet im US-amerikanischen Raum. In der IT und auch im Consulting im Kommen.
Leitfigur	Ricardo Semler
Ideal	Wenn Sie es weiterbringen wollen und bereit sind, dafür so richtig anzupacken. Wenn Sie sich zutrauen, zu den Besten zu gehören. Wenn Sie lernwillig sind.
Vorsicht	Wenn Sie sehr beziehungsorientiert sind und sich Ihre Leistungsorientierung (derzeit) in Grenzen hält.
Bewerbungstipp	Stellen Sie ein Expertenprofil mit einer detaillierten Übersicht Ihrer Kenntnisse und eine Projektliste zusammen.

Better-World-Career

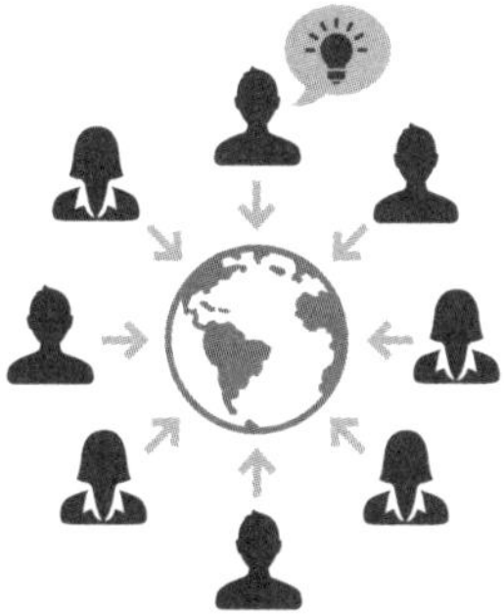

Diese Unternehmen wollen etwas für die Gesellschaft tun und Menschen für sich gewinnen, die ihren Erfolg im Einsatz für eine bessere Welt sehen. Eine meiner Kundinnen erzählte mir, dass ihr Sohn sein Elitestudium nutzt, um als Gründer eines sozialen Unternehmens benachteiligten Jugendlichen zu helfen. Dafür verzichtete er auf eine konventionelle Karriere bei Procter & Gamble, die ihm offengestanden hätte. Auch McKinsey hätte ihn genommen. Das ist typisch für einen Better-World-Style: Er zieht meist besonders qualifizierte Menschen an, die dann öfter selbst Unternehmen gründen.

Beispiele für die Better-World-Career

Ein prominentes Beispiel für solches soziales Engagement ist das Unternehmen Toms Shoes. Als der Amerikaner Blake Mycoskie Argentinien bereiste, musste er feststellen, dass viele der auf dem Lande lebenden Kinder keine Schuhe hatten. Über Risswunden in der Fußsohle werden Krankheiten übertragen. Außerdem stellen Schuhe an den höheren Schulen oft einen wesentlichen Bestandteil der Schuluniform dar – ohne Schuhe keine Schule. Blake gründete daraufhin das Unternehmen Toms Shoes. Jedes Mal, wenn er ein Paar Schuhe verkaufte, legte er ein weiteres Paar für eines der Kinder zur Seite – inzwischen für Kinder in vielen armen Ländern der Welt.

Die Handtaschen-Firma beliya aus Hamburg, gegründet von zwei Frauen, fördert mit dem Verkauf ihrer Taschen Schulbücher und Bildung in Afrika.

Die vom Unternehmer Jan Schierhorn gegründete gemeinnützige GmbH »Das Geld hängt an den Bäumen« pflückt und sammelt Obst, das sonst hängen oder als Fallobst ungenutzt bliebe, um daraus Saft zu pressen. Für sein

Vorhaben bindet er Menschen mit Behinderung ein. Er gibt ihnen eine sinnvolle Arbeit, die einen Wert für alle hat.

Im Better-World-Karrieresystem wird geteilt und kooperiert. Es geht dabei immer um das große Ganze: die Menschheit insgesamt und die Motivation, diese durch eigenes Können und persönlichen Einsatz besser zu machen. Better-World-Unternehmen wollen primär Gutes für die Gesellschaft und die Umwelt tun. Der Einzelne ist dabei ein wichtiger Teil des Ganzen.

Teilen und Kooperieren

Karriere macht entsprechend derjenige, der sich hochgradig mit dem Thema identifiziert. Weiterkommen bedeutet hier aber nicht, klassisch aufzusteigen. Anreizsysteme sind in so einem Umfeld meist gar nicht nötig. Auch Ziele muss man nicht so mühsam kommunizieren wie anderswo.

***Hermanns** wichtigster Wert ist Gerechtigkeit. Er arbeitet in einem kleinen Start-up, das sich für nachhaltige Technikproduktion und Recycling von Hightech einsetzt. »Mir ist es vor allem wichtig, dass ich mein Wissen in ein Unternehmen einbringen kann, dass etwas Sinnvolles für die Ressourcen der Erde tut. Dafür gehe ich jeden Tag zur Arbeit, dafür lerne ich und erweitere mein Wissen. Die Kollegen sind authentisch, wir wollen alle dasselbe.«*

Nicht alles ist eine Better-World-Karriere, was auf den ersten Blick so erscheint: Die Themen Nachhaltigkeit und soziale Verantwortung werden gern der Better-World-Career zugeschrieben. Diese entspringt bei näherer Betrachtung aber oft reinem Gewinndenken, das durch Sätze wie diesen gekennzeichnet ist: »Wir müssen etwas Sinnvolles tun, um im Wettbewerb bestehen zu können.« Die Folgen sind faule Kompromisse, denken Sie an die brennenden Textilfabriken in Bangladesch – der ökonomische Gedanke dabei ist dem sozialen oft noch übergeordnet. Wenn Sie wirklich vom Better-World-Style getrieben sind, reicht Ihnen das nicht. In erster Linie geht es Ihnen um den Sinn für die Gesellschaft – und dann erst ums Geld. Der entscheidende Unterschied liegt in der Reihenfolge.

Nachhaltigkeit und soziale Verantwortung

Begehen Sie also nicht den Fehler, vom sozialen Engagement eines Unternehmens direkt auf die inneren Strukturen zu schließen. Viele vom Streben nach einer besseren Welt motivierte Menschen glauben beispielsweise, dass Nichtregierungsorganisationen (NGOs) immer fortschrittlich seien und eine offene und soziale Better-World-Kultur hätten. Die Wahrheit ist aber: Gerade besonders beliebte NGOs sind oft konventionell strukturiert, haben also ein Conventional-Career-System.

Oft ist es eine Frage des Entwicklungszustands und der Gründungsphase: Jemand kann ein Unternehmen mit einer Weltverbesserungsidee gründen, es später aber konventionell führen. Sie sollten deshalb – wie bei allen anderen Karrieresystemen auch – auch hinter die Kulissen blicken.

Engagieren statt bewerben

Bewerben Sie sich in einem Better-World-Unternehmen am besten gar nicht, sondern engagieren Sie sich erst einmal ehrenamtlich oder knüpfen Sie Kontakte zu ihm. Wachsen Sie in das Better-World-Unternehmen Ihrer Wahl hinein oder gründen Sie es gleich selbst.

Kennzeichen dieses Karrieresystems	Es geht darum, einen tieferen Sinn für die Gesellschaft zu schaffen. Die Leistung des Einzelnen ist Teil eines Gesamtkonzepts. Engagement geht über alles.
Die Strategie hier …	Sich mit anderen für Sinnvolles zu engagieren und zu einer besseren Welt beizutragen.
Zentrale Werte	Sinn, Gemeinschaft, Engagement für das große Ganze
Wie verbreitet?	Noch wenig: Immer mehr Unternehmen werden zwar aus einer Sinn-Idee heraus gegründet und verfolgen sinnvolle Pläne, aber nicht konsequent. Die Folge ist z.B. das beliebte »Greenwashing«, bei dem nach außen ein Schein erweckt wird, der innen keiner Überprüfung standhält. Abteilungs- und themenbezogen: Corporate Social Responsibility, Nachhaltigkeit
Leitfigur	Bill Gates (allerdings erst in seiner Nach-Microsoft-Zeit), die Textilunternehmerin Sina Trinkwalder
Ideal	Wenn Sie sich für etwas Sinnvolles einsetzen wollen und eine gute Portion Idealismus mitbringen.
Vorsicht	Wenn Sie viel Geld verdienen wollen
Bewerbungstipp	Stellen Sie heraus, was Sie motiviert und bewegt und wie wichtig Ihnen das ist, was das Unternehmen leistet. Hospitieren Sie, engagieren Sie sich zunächst ehrenamtlich.

Warum nicht jeder überall Karriere machen wird

Ich will Ihnen nun Beispiele von Menschen geben, die im richtigen oder im falschen Karrieresystem arbeiten. Richtig sind diejenigen, die einen zum System passenden Worklifestyle haben, falsch jene, deren Worklifestyle sich vom Karrieresystem ihres Arbeitgebers unterscheidet. Welche Auswirkungen hat das auf ihre berufliche Zufriedenheit und ihren Erfolg?

Um Ihnen die Unterschiede besonders deutlich vor Augen zu führen, paare ich jeweils zwei gegensätzliche Worklifestyles miteinander. Den Anfang machen Andrea, die einen »Performance-Worklifestyle« pflegt, und Herr Schmidt, der »konventionell« tickt, also einen »Conventional Worklifestyle« hat.

***Andrea** ist Finanzexpertin, Führungskraft und eine Powerfrau: tough, gradlinig, sachlich und zielorientiert. Sie ist es gewohnt, sich in einer Männerwelt zu bewegen und zu bekommen, was sie will. Sie denkt in Zahlen, Daten, Fakten. Sie ist gewohnt, Unternehmen darauf zu trimmen, sparsamer zu haushalten. Deshalb ärgert sie sich, als die Mitarbeiter einen teuren Kaffeeautomaten wollen, und lehnt das Anliegen ab. Andrea hat einen glasklaren Effizienz-Workstyle, denn »life« ist für sie weniger wichtiger als »work« – und über allem steht für sie die Performance.*

Nach einem beruflichen Wechsel, der als Karrieresprung gedacht war, landet Andrea in einen deutschen Konzern mit einem konventionellen Karrieresystem. Aus ihrer Sicht haben dort schon die 25-Jährigen ihre Ambitionen beim Pförtner abgegeben. Alles ist ihr zu langsam, zu ineffizient, die Ziele zu unklar, sie ist plötzlich nicht mehr erfolgreich; ihre messbaren Ergebnisse werden nicht sachlich interpretiert. Ihr Chef sagt ihr sogar, sie passe nicht zur Kultur. Sie wird schon in der Probezeit gekündigt.

*Verändern wir einmal die Perspektive und schauen uns Andrea aus der Sicht ihres Vorgesetzten **Herrn Schmidt** an: Er hat diesen Konzern ausgewählt, weil er nach einem berechenbaren Umfeld suchte. Veränderungen setzt er um, weil sie eine Vorgabe des Mutterkonzerns sind. Aber ihm ist wichtig, dass die Mitarbeiter von Andrea ihren gewünschten Kaffeeautomaten bekom-*

men und rechtzeitig nach Hause gehen. Er kann gut verstehen, dass es ein Leben neben der Arbeit gibt, auch wenn er da selbst zeitweise kürzertreten müsste. Natürlich arbeitet das Unternehmen mit Zielvorgaben, aber Zahlen sind auslegbar, findet er. Und es geht ihm auch um etwas anderes, den Zusammenhalt beispielsweise. Andrea hängt sich seiner Meinung nach viel zu viel in die Arbeit. Hat sie denn kein Privatleben? Das Unbehagen wächst, schließlich entscheidet er sich für das Wohl seiner Mitarbeiter und gegen Andrea.

Stellen wir uns weiter vor, Herr Schmidt würde sich in einem Performance-Unternehmen bewerben, wie es zu Andrea passt. Plötzlich würde er an seinen Ergebnissen gemessen, Netzwerke und Zugehörigkeit würden weniger hoch bewertet, seine Freundlichkeit würde ihm als Weichheit ausgelegt werden. Er würde als Führungskraft womöglich nicht mehr erfolgreich sein, wenn er mit dem Job nicht auch gleich seine Wertvorstellungen änderte.

Kommen wir gleich zum nächsten Gegensatzpaar: zwei verschiedene Worklifestyles in einem kooperativen Karrieresystem.

***Tobias** passt als Vertriebler mit kooperativem Worklifestyle gut zu seiner Firma . Er mag die offene Kultur und die einfachen, hohen Räume, in denen die Teams zusammensitzen. Hier kann jeder kommen und gehen, wann er möchte, Hauptsache, die Arbeit wird gemacht. Der Umgangston ist persönlich, abends feiert man auch gelegentlich zusammen. Es kann sein, dass alle laute Musik hören oder der eine mal zum Tisch des anderen springt und ein paar Worte mehr wechselt, auch private. Tobias fühlt sich wohl. Das Produkt ist ihm wirklich wichtig, und gemeinsam mit den anderen will er daran arbeiten, dass es so richtig durchstartet! Tobias passt in dieses Unternehmen: Worklifestyle und Karrieresystem bilden ein perfektes Paar.*

***Elke** ist von derselben Firma total genervt. Sie sucht heimlich nach einem Unternehmen, in dem sie richtig durchstarten und etwas bewegen kann, ohne groß zu fragen und sich lange abzustimmen. Sie möchte aufbauen und gestalten und vorankommen – und dafür auch gesehen werden. Elke hat einen Dynamic Worklifestyle. Sie erkennt, dass sie in diesem kooperativen Umfeld falsch ist.*

***Peter** ist Doktor der Physik und hat zwei weitere Studiengänge abgeschlossen. Seit vielen Jahren arbeitet er in einem Family-Career-Unternehmen, und alles wäre gut, wenn in diesem Unternehmen nicht so viel Wert auf Zugehörigkeit gelegt werden würde und so wenig auf Entwicklung. So muss er es akzeptieren, dass Entscheidungen von Menschen getroffen werden, die weniger qualifiziert sind als er. Er möchte lieber zu Hause arbeiten, flexibler und gern in Projekten. Er wäre gern Freelancer. Peter hat einen Flexi-Style, was ihn eher früher als später dazu bringen wird, sich neu zu orientieren und die Firma zu verlassen.*

***Larissa** würde gern mit Peter tauschen! Larissa ist Journalistin und fühlt sich in ihrer ungewollten Freiberuflertätigkeit wie in einer Zwangsjacke. Ihre Freiheit kann sie nicht genießen und die Flexibilität würde sie liebend gern gegen ein warmes, kleines Unternehmen eintauschen, in dem es ein sicheres Gehalt und Fürsorge gibt.*

Welche Geschichte kommt Ihnen bekannt vor? In welcher finden Sie sich wieder? Möglicherweise haben Sie die Better-World-Career in den Beispielen vermisst. Sie bekommt einen eigenen Abschnitt (»Trauen Sie sich, nach Sinn zu suchen«). Dieses Karrieresystem ist stark auf dem Vormarsch. Denn gerade die Generation Y begreift Arbeit oft nicht mehr als etwas, das dem Individuum Befriedigung gibt, sondern als Engagement für eine bessere Welt.

Gegensätze ziehen sich an, aber gleiche Wertvorstellungen sorgen eher für harmonische Beziehungen. Das ist nicht nur in Partnerschaften so, sondern auch im Job. Suchen Sie sich das Karrieresystem, in dem Sie sich am besten entwickeln können, weil es Ihnen und Ihren Werten im Moment oder grundsätzlich nahe liegt. Die Systeme sind wenig kompatibel miteinander. Auch wenn sich jemand mit einem Dynamic Style irgendwann ein ruhigeres Umfeld wünscht, so wird er sich schlecht in ein konventionelles Karrieresystem integrieren. Aber, Achtung: Die einzelnen Systeme werden Sie kaum in Reinkultur vorfinden; es sind meist Mischformen. Außerdem bestehen Unterschiede von Abteilung zu Abteilung.

Wie Sie die Systeme schon am Büro erkennen

Die Umgebung, in der Sie arbeiten, sagt viel über das vorherrschende Karrieresystem aus. Sitzen etwa die Manager mit ihren Teams zusammen, so ist dies ein Indiz für ein kooperatives Karrieresystem.

Mehr Leistung = mehr Fenster im Büro

Einmal erzählte mir ein Telekommunikationsmanager von den Büroräumen seiner Chefs. Je mehr Leistung diese brachten, desto mehr Fenster hatte ihr Büro. Das ist typisch für das Performance-Karrieresystem: Äußere Kennzeichen zeigen an, wie weit es jemand gebracht hat. Dabei ist in hoch entwickelten Systemen transparent, wer welchen Status durch welche und wie viel Leistung erzielt hat.

Auch jedes andere Karrieresystem offenbart sich, wenn man nur die Räumlichkeiten betritt. In der Family Career reicht bisweilen ein einfaches Büro ohne überflüssigen Schnickschnack, Großraum ist akzeptiert. Es muss nicht hübsch sein, Hauptsache nett. Im *Dynamic-Karrieresystem* haben einflussreiche Personen das Sagen, was sich schon an den Möbeln und vor allem an den Autos auf dem Firmenparkplatz zeigt. Sie finden hier oft schwere und teure Holzmöbel sowie Ledersessel ähnlich denen englischer Herren-Clubs. Es kann auch sein, dass man auf hip und modern macht und Designermöbel präferiert werden. Sie erkennen *Dynamic-Career-Unternehmen* auch daran, dass die einflussreichen Personen sehr viel größere Räume und oft eigene Etagen haben, die besser und edler ausgestattet sind als der Rest. Gemeinschaft gibt es hier auch, sie ist aber eher geringer ausgeprägt und auf Partys und Feiern beschränkt. Ausgesprochene Teamarbeit ist eher verpönt.

Typisch für Konzerne

Das *konventionelle Karrieresystem* kann altmodisch oder designorientiert-modern ausgestattet daherkommen. Da es typisch für Konzerne ist, gibt es oft riesige Bürohäuser, die die Gestaltungsmöglichkeiten begrenzen. So findet man oft Einzel- oder Zweierbüros und auch Großraum. Einzelne Unternehmen wie etwa Otto versuchen Modernität reinzubringen, indem sie moderne Inseln – bevorzugt für die IT-Abteilung – einbauen, doch die Möglichkeiten sind meist durch den

Raum und die Lage der Firma begrenzt. Und ein Unternehmen mit beispielsweise 5 000 Mitarbeitern zieht nicht so einfach um. Andererseits sind Bewerber mit *konventionellem Worklifestyle* bei diesen Themen oft kompromissbereiter als andere.

Menschen mit *Cooperative Worklifestyle* sitzen gern auch mal zusammen, nicht so gern allerdings in Großraumbüros, sondern lieber in schicken Lofts. Ihr Karrieresystem zeigt sich häufiger mit offenen, flexiblen und modernen Raumsystemen, mit Sitzgelegenheiten, Lounges und Meetingpoints. Einzelbüros gibt es kaum, dafür Räume für das konzentrierte Arbeiten auch zu zweit oder zu dritt. Man legt Wert auf eine schöne Umgebung, die das Zuhause-Gefühl fördert. Nur zu Hause sein ist eben auch keine Lösung, soziale Bindungen gehen verloren und mit ihnen ein Teil der Arbeitsmotivation. Es wird in Zukunft auch wieder mehr Zusammenarbeit vor Ort geben, in unterschiedlichen Formen. Zu zweit als Tandem oder in einer Arbeitsgruppe bespricht man, was konkret gemeinsam zu machen ist, und entwickelt Ideen. Interdisziplinär geht es darum, Perspektiven auszutauschen und hinzuzugewinnen.

Das *Flexi-Karrieresystem* setzt weniger auf enge Zusammenarbeit als vielmehr auf Wissensaustausch, gern auch virtuell. Hier ist man viel unterwegs und zu Hause, wenn man nicht ohnehin in Projekten arbeitet, also woanders ist. Menschen mit *Flexi-Worklifestyle* brauchen nicht so viel Teamarbeit, gegen Kooperation haben sie aber nichts. Wenn es zu eng wird, beschneidet das jedoch ihre Freiheit. So ist ein »Clean-Desk-Prinzip« für diese Karriereform spezifisch. Es gibt keinen festen Platz, jeder lässt sich da nieder, wo es ihm gerade passt, und räumt abends alles auf. In den seit mehr als fünf Jahren überall boomenden Coworking-Spaces ist dieses Prinzip auf die Spitze getrieben.

Clean-Desk-Prinzip

Better-World-Karrieresysteme erkennt man nicht von außen, da das große Ziel im Vordergrund steht. Natürlich ist dies leichter in einer Umgebung zu erreichen, in der die Arbeitsplätze der menschlichen Natur entsprechend gestaltet sind. Das bedeutet, dass die Räume vor allem vielseitig sein müssen, Kooperation und Einzelarbeit zugleich ermöglichen sollten.

Natürlich gibt es losgelöst vom Karrieresystem optimal eingerichtete Büros und solche, die das nicht sind. Eine gute Ergonomie und hochwertige Bildschirme sind wichtig. Auch für die Kombination von Einzel- und Zusammenarbeit gibt es übergeordnete Erkenntnisse, die überall einfließen sollten. Studien deuten darauf hin, dass weder die totale Kooperation noch das egoistische Für-sich-allein-Arbeiten die besten Ergebnisse produziert. Es ist vielmehr ein Sowohl-als-auch. So erzielen Menschen bei schwierigen Aufgaben bessere Ergebnisse, wenn sie diese allein lösen. Ein Team steigert hingegen die Leistung bei einfacheren und routinierten Arbeiten. Das heißt, dass etwa Montagearbeiten gut in einer Halle zu organisieren sind, während mathematische Problemlösungen die Ruhe eines Einzelbüros brauchen.

Kombination von Einzel- und Zusammenarbeit

Leslie Perlow, Professorin an der Harvard Business School, machte dazu mehrere Versuche mit Ingenieur-Teams in unterschiedlichen Unternehmen. Nachdem sowohl das Kooperieren als auch das Allein-Arbeiten nicht optimal verlaufen waren, räumte sie Zeiten für Einzeltätigkeiten ein: Dienstag, Donnerstag und Freitag von 9 bis 12 Uhr war konzentriertes Allein-Arbeiten angesagt, danach Zusammenarbeit mit gegenseitiger Hilfestellung. 65 Prozent der Ingenieure erlangten dank dieser Neuorganisation eine überdurchschnittliche Produktivität. Drei Monate später brachte das Team just in time einen Laserdrucker auf den Markt, ohne zeitliche Verzögerung wie sonst üblich.[7]

Welche Auswirkungen die Raumgestaltung auf sinnhaftes und erfülltes Arbeiten hat, wird bereits seit Jahren vom Fraunhofer Institut für Arbeitswirtschaft und Organisation im Projekt »Office 21« untersucht. Erholungsräume gehören zu den Konzepten und auch virtuelles Arbeiten spielt immer mehr hinein. Kurzum: Räume und Karriere sind eng miteinander verzahnt.

Was bewirkt die Raumgestaltung?

Trauen Sie sich, nach Sinn zu suchen

Karriere und Sinn? Das war früher eher ein Gegensatzpaar, das sich gerade langsam, aber sicher auflöst. Um Ihnen Beispiele für Sinnsucher zu zeigen, nehme ich Sie nun mit in ein Coworking-Office.

Es ist 9.30 Uhr. Für flexible Zukunftsarbeiter etwas früh. In dem Loft, 150 Quadratmeter groß, verlieren sich die beiden anwesenden Personen. Monika ist zu mir gestürmt, als ich die Stahltür geöffnet hatte. Sie will mich interviewen für ihren Blog auf der Seite ihres Portals GOODplace. Es geht um Kompetenzen, die man für die Zukunft der Arbeit braucht. (Im Anschluss können Sie ein Interview mit ihr lesen.) Monika ist eine lebendige, schnell sprechende Frau, die viele Jahre eine internationale Karriere gelebt hat. Jetzt ist sie selbstständig mit einer Mischung aus Flexi- und Better-World-Career.

Ihr Portal hat sie nach der zeitgemäßen Lean-Startup-Methode gründet. Das geht so: Man erstellt ein minimal funktionsfähiges Produkt und testet die Kundenresonanz. Mit dem Feedback verändert man den Prototypen, testet wieder und optimiert weiter. So ist die Produktentwicklung maximal flexibel und der Gründer bleibt ganz nah am Markt. Er sieht sofort, ob und wann etwas funktioniert.

Beim Gründen wurde Monika durch SAP unterstützt. Der Walldorfer Konzern hat ihr ein Mentorenprogramm gestiftet. Auch der Platz in diesem Coworking-Office, das sich »Social Impact Lab« nennt, wurde von SAP bezahlt. Ein riesiger weißer Tisch steht rechts, mehrere kleinere durchziehen den Raum links. An dem Tisch könnte man auch 24 Tafelritter zum Spanferkelessen platzieren. Hinten eine kleine Küche, vorn neben dem Eingang befindet sich hinter Glas ein Besprechungsraum. Zusammenarbeit und Austausch stehen im Social Lab hoch im Kurs.

Was ist ein Coworking-Office?

Nichts offenbart die Veränderungen in der Arbeitswelt so wie Coworking. Wenn Sie sich an die Karrieresysteme und die Worklifestyles erinnern: Coworking ist Flexi-Style pur. Jeden Tag entstehen allein in Deutschland vier bis fünf neue solcher Offices, die Wachstumsraten überschreiten von Jahr zu Jahr 100 Prozent. Doch was ist überhaupt ein Coworking-Office? Die Wirtschaftswissenschaftlerin Nina Pohler bietet im *Deskmag*, einem Magazin über Coworking, folgende Definition an: »Jeder Arbeitsraum mit flexiblen Strukturen, der von und für Menschen mit neuen, atypischen Arbeitsformen konzipiert ist und der nicht ausschließlich von Menschen aus einem einzigen, bestimmten Unternehmen genutzt wird.«

Im »Social Impact Lab« geht es aber nicht nur um flexibles Arbeiten: Alle sind motiviert und beseelt vom Better-World-Denken. Über den Tischen hängen Poster, die zeigen, was hier getan wird. Eine Gründerin führt ihre »Hundebande« zu weiblichen Strafgefangenen, die diese zu Blindenhunden ausbilden. Das Projekt wird gefördert von startsocial e. V. und man sieht die Initiatorin auf ihrer Website auf einem Foto neben der Kanzlerin Angela Merkel.

Beseelt vom Better-World-Denken

Ich erkenne links von mir auf einem Plakat »Futurepreneur e. V.«, einen Verein, der junge Menschen nach einem schwedischen Vorbild an das Unternehmertum heranführen möchte. Mit der Gründerin Kerstin Heuer hatte ich vor einigen Wochen ein Interview für meinen Blog geführt. Ihr Anliegen ist es, Schülern unternehmerisches Denken und Handeln nahezubringen – um dieses als Option für die Berufswahl zu sehen und auch, um verborgene Talente zu heben. Ein wichtiges Vorhaben in einer Zeit, in der die Zahl der Freiberufler von Jahr zu Jahr um 4,6 Prozent steigt. Selbstständigkeit ist da manchmal nicht nur eine Option, die man sich aussucht. In manchen Branchen wie dem Journalismus und auch im Grafikdesign ist sie bisweilen die einzige Möglichkeit, überhaupt Fuß zu fassen. Und manchmal auch die Chance, den Sinn zu finden, den man in der Arbeit sucht. Wenn Schüler doch gleich unternehmerisches Denken lernten, dann würde es ihnen auch leichter fallen, ihr Leben in die Hand zu nehmen und zukunftsträchtige Geschäftsideen zu entwickeln – wie die Menschen in diesem Raum.

Die meisten Gründer, die sich hier zusammengefunden haben, haben irgendwann einmal für sich entdeckt, dass es beim Arbeiten nicht so sehr um Geld, Existenzsicherung, Status, Abhängigkeit oder

Pflichterfüllung geht, sondern darum, seinen Beitrag für die Gesellschaft zu leisten.

Kooperation wird in diesem Loft großgeschrieben. Hier geben sich die Unternehmer gegenseitig Tipps: Wie kann man etwas realisieren? Wo gibt es neue Technologien? Wen kann man ansprechen? Wer hat mit etwas bereits Erfahrungen gemacht? Kooperation ist etwas, das den Menschen Sinn gibt. Gegenseitige Hilfestellungen sind nicht nur hier, sondern auch in größeren Unternehmen ein Zukunftsthema. Es gibt seit Jahrzehnten Partnerstädte, in Zukunft könnte es auch Partnerunternehmen geben, die sich eng miteinander austauschen.

Kooperation wird großgeschrieben

»Co-Companying« könnte als Modell für unternehmensübergreifendes Coworking entstehen – Unternehmen schließen sich branchenübergreifend zusammen, um gemeinsam Mitarbeiterpotenziale zu nutzen. Die Mitarbeiter können mal hier, mal dort arbeiten und haben dadurch mehr Möglichkeiten, auch in Wunschbereiche hinzuschnuppern. Das ist vielen ein Bedürfnis, das in der heutigen Arbeitswelt oft unzureichend erfüllt wird. Die Unternehmen profitieren vom Wissensaustausch, die Mitarbeiter bekommen die für sie immer wichtiger werdende Abwechslung. Co-Companying gibt es zwar noch nicht als Begriff, aber die darin enthaltenen Ideen entstehen gerade.

Co-Companying

Synergien sind beim Coworking ein erwünschter Nebeneffekt. Monika kann das Know-how von Entwicklern nutzen, die sich bestens im Internet auskennen. Konkurrenz? Nein, dieser Begriff ist Coworkern fremd. Hier sieht sich jeder als Rad, das sich allein nicht dreht und andere braucht, um voranzukommen. Gewinne sind schön, aber zunächst steht Wert- und Sinnschöpfung im Vordergrund, sie speist alle Businessmodelle. Monika baut ihr Portal, um irgendwann einmal ihrer Familie eine Auszeit zu ermöglichen. Gemeinsam möchten sie auf große Reise gehen. Und wie toll wäre es, wenn dann eine Internetseite für Einkünfte sorgte, egal wo sie sich gerade aufhalten!

Der Raum hat sich gefüllt, fast unmerklich. Ich nehme mir einen

Keks, schlürfe einen Kaffee und schaue mich noch einmal um, bevor ich fürs Foto auf das Sofa oben rechts gebeten werde. Es ist vielleicht nicht überraschend, dass dieser Idealismus besonders viele Frauen anzieht. Im »Social Impact Lab« jedenfalls sind mindestens 50 Prozent Frauen, die den Sinn-Virus in sich tragen. Das Sinn-volle war ja schon immer, ähnlich wie das Soziale, ein Frauenrevier. Das Kooperative und Weiche sowieso. Vielleicht hat die Veränderung der Arbeitswelt und der in ihr beheimateten Karrieresysteme auch ganz viel mit der Feminisierung der Gesellschaft zu tun, die überall zu beobachten ist. Sie zähmt und zäumt das männlich dominierte, testosterongetriebene Machtstreben. Aber es gibt auch Männer, die ihren Weg zum Sinn finden.

***Felix** hatte eine Firma mit 30 Mitarbeitern, ein Internetportal, Anfang der 2000er Jahre aufgebaut. Er verdiente viel Geld, verlor aber den Sinn in der Arbeit und hatte keine Zeit mehr für seine Familie. Dann hat er alles aufgegeben. Jetzt gründet er allein ein kleines Sinn-Unternehmen.*

Jeder braucht Sinn

Sinn ist nicht nur wichtig für Coworker und Menschen, die die Zukunft der Arbeit schon jetzt leben. Jeder braucht ihn, um seine Arbeit mit Leidenschaft auszuüben. Der Psychologieprofessor Adam Grant von der Wharton School of Management hat viele wegweisende Experimente durchgeführt. So fand er heraus, dass Menschen, die viel geben, erfolgreicher sind als die, die immer nur nehmen.[8] Um der Sinnfrage auf den Grund zu gehen, führte er eine Untersuchung mit Angestellten in einem Callcenter durch, die Geld für Universitätsstipendien einwerben sollten. Diese Arbeit ist gemeinhin als »Outbound«-Telefonieren verschrien und erscheint nicht besonders sinnvoll: Man muss fremde Leute anrufen und ihnen etwas aufschwatzen, was diese gar nicht wollen.

Grant teilte die Angestellten in drei verschiedene Gruppen ein. Die erste Gruppe traf einen Studenten, der ihnen erzählte, wie sehr ihm das Geld aus dem Stipendium geholfen hatte. Die zweite Gruppe erhielt Dankesbriefe von Studenten. Die dritte Gruppe ging leer aus und bekam keine Resonanz. Nach einem Monat hatte die Gruppe, die den Studenten persönlich getroffen hatte, die Zahl ihrer Anrufe verdoppelt. Die Spenden hatten sich verdreifacht. Bei den anderen beiden Gruppen war kein Unterschied feststellbar – die Dankesbriefe hatten also auch nichts genützt.

Grants Experiment zeigt, was sinnstiftend ist: die persönliche Verbindung, das Gefühl, wirklich etwas zu bewirken und nützlich zu sein. Das Gesicht des Studenten versetzte die Angestellten in die Lage, den Wert ihrer Arbeit zu erkennen. Mit Geld dagegen hätte kein solcher Sinn gestiftet werden können. Verschiedene Untersuchungen legen nahe, dass finanzielle Anreize nicht zu mehr Leistung beitragen – oft sogar das Gegenteil bewirken.[9] Geld ist ein Hygienefaktor, ein Ersatz für fehlende Wertschätzung. Es erhöht nicht die Zufriedenheit und ist damit auch kein Motor für eine moderne Karriere.

Was ist sinnstiftend?

Was gibt Ihnen persönlich Sinn? Machen Sie sich keine Sorgen, wenn Sie nicht in dem oben beschriebenen Sinn der Better-World-Karriere »idealistisch« und »sinnorientiert« denken. Jeder definiert Sinn für sich anders. Dem einen vermittelt es Sinn, an einer guten Idee zu arbeiten. Und der nächste setzt seine Talente ein, um Teams voranzubringen. Es kann auch sein, dass sich Ihr Sinnempfinden ändert, weil Sie neue Dinge erleben und Erfahrungen machen.

Was gibt Ihnen Sinn?

Sinn hat ganz viel damit zu tun, das Gefühl zu haben, etwas bewirken zu können. Er hat natürlich auch etwas mit den Karrieresystemen zu tun, direkt oder indirekt:

- In der Family Career kann es sinngebend sein, etwas Gutes zu produzieren, einen festen Ort, eine Heimat oder ein vertrautes Umfeld zu haben.
- In der Dynamic Career kann es einen Sinn ergeben, etwas zu bewirken und Einfluss zu nehmen.
- In der Conventional Career kann bei Ordnung, Struktur und Verlässlichkeit das Gefühl, an etwas Wichtigem teilzuhaben, Orientierung geben. Oder auch das Gefühl, geführt und geleitet zu sein.

- In der Performance Career kann der Sinn darin liegen, messbare Ergebnisse zu produzieren oder auch Ziele zu erreichen.
- In der Cooperative Career kann das Teamempfinden noch produktiver sein, wenn man etwas voranbringt, was gut für (andere) Menschen ist. Generell ist Sinn im Gemeinsamen zu finden.
- In der Flexi Career gibt es viel Freiraum, um sich selbst und sein Wissen zu entfalten und es für andere fruchtbar zu machen.
- Eine Better-Wold-Career ergibt einen Sinn, weil die Mitarbeiter ihren Einsatz belohnt sehen und etwas tun können, was gesellschaftlich relevant ist.

Interview mit Monika Kraus-Wildegger

Gehörst du zur Generation Y?

Im Kopf ja, bezogen auf mein Alter: nein. Da muss ich mit einem Klischee aufräumen: Obwohl ich nicht der Generation Y, den heutigen 20- bis 30-Jährigen, angehöre, treffen ihre Vorstellungen, wie sie arbeiten wollen – flexibel, sinnstiftend und dabei ein erfülltes Leben führend – voll auf mich zu!

Was ist für dich Sinn?

Mir stellte sich die Sinnfrage an einer Stelle in meinem Berufsleben, als ich als Nachhaltigkeits-Expertin für einen großen Konzern deutschlandweit im Einsatz war. Mein Flieger war verspätet, mein Mann auch auf Businessreise, was nur tun mit unserem Kind? Unsere Tochter hält seitdem den fragwürdigen Rekord im Kindergartenkreis, als Jüngste das erste Mal bei einer anderen Familie übernachtet zu haben – muss das so sein?

Die klare Antwort: Mein Job, meine Familie und mein Leben sollen zusammenpassen. Ich habe mich dann gefragt, wo finde ich Unternehmen mit flexiblen neuen Arbeitsformen, die ein »guter Ort« für motivierte Mitarbeiter sind? Im Sommer 2012 habe ich GOODplace.org als Antwort darauf gegründet!

Was treibt dich an?

Mich treibt der feste Glaube an, dass eine neue, bessere Arbeitswelt im Entstehen ist. Eine neue Generation von Arbeitgebern, die Glücklichsein und Produktivität gleichermaßen fördern, wächst heran. Zukünftig werden viel mehr Unternehmen als »guter Ort« für Mitarbeiter sichtbar werden.

Warum glaubst du, brauchen Menschen heute andere Unternehmen?

Die Arbeitswelt verändert sich fundamental. Auslöser sind der Wertewandel in der Generation Y, die demografische Entwicklung und der digitale Fortschritt, der Arbeiten praktisch von jedem Ort aus möglich macht. Obendrein werden Aufgaben komplexer, Arbeiten »unter Dampf« nehmen zu und Regenerationspausen fallen oft dem nächsten Projekt zum Opfer.

Die moderne Flexibilität gibt uns Freiheit und verschafft uns Vorteile, sie braucht aber gleichzeitig Leitplanken und eine neue Form der Verantwortung, damit wir als Menschen nicht auf der Strecke bleiben. Unternehmen, die in diesem Spannungsfeld zwischen Hochleistung und Wohlbefinden verantwortungsvoll neue Wege gehen, entwickeln sich zu einem Goodplace.

Worauf sollten Bewerber heute achten?

Es führt kein Weg daran vorbei, sich erst mal selbst klarzumachen, wie man arbeiten möchte. Eine erste Einschätzung gibt das eigene Kopfarbeiter-Profil, das über die Teilnahme an der Online-KAI-Umfrage des Fraunhofer Instituts in Minutenschnelle automatisch erstellt werden kann.

Neue Plattformen, wie GOODplace, auf der Unternehmen Einblick in ihre Arbeitskultur geben, indem Mitarbeiter erzählen, was das Arbeiten dort für sie besonders macht, lassen Unternehmen transparenter werden. Fesselnde Stories und Bilder aus dem Arbeitsalltag vermitteln ein authentisches und glaubwürdiges Image als guter Arbeitgeber.

Wo findet man Jobs von GOODplace-Unternehmen?

Auf der Partner-Plattform feelgood@work findet man Jobs von GOOD-place-Unternehmen. Über erste Suchfunktionen können Unternehmen gefunden werden, die zu den eigenen Vorstellungen passen. Weitere Matching-Funktionen kommen in Kürze. Wichtig ist, je mehr das Bild des Unternehmens mit den eigenen Vorstellungen von »Wie will ich arbeiten?« übereinstimmt, desto besser passt man zusammen.

Warum ein Job im falschen System krank machen kann

Jedes Karrieresystem hat, wie Sie gesehen haben, gute und schlechte Seiten. Es kann niedrig oder hoch entwickelt sein. Niedrig entwickelt ist es, wenn Arbeitsklima und Unternehmenskultur nicht stimmen, etwa durch eine unklare Führung. Hoch entwickelt ist ein Karrieresystem, das seine Werte authentisch lebt, dabei aber offen und bereit für Veränderungen und Verbesserungen bleibt. Ein konventionelles Unternehmen beispielsweise kann sich öffnen und beweglich bleiben – es muss nicht erstarren. Es wird immer mehr Prozesse, Vorschriften und Hierarchien haben als beispielsweise ein Unternehmen mit Family Career. Aber es wird diese positiv leben und der Verkrustung entgegenwirken. Umgekehrt wird ein authentisches Family-Career-Unternehmen nicht ohne Regeln auskommen.

Hoch und niedrig entwickelte Karriere-systeme

Einmal hat ein Leser etwas Kluges auf einen meiner Blogposts geschrieben. Es ging um Unternehmen, in denen immer noch viele innovationsfeindliche Manager »alter Denkschule« mit veränderungsfeindlicher Mentalität »regieren«. Besonders verbreitetet sind diese in verkrusteten konventionellen Karrieresystemen. Er schrieb: »Sie haben absolut recht und ich erkenne mich, als junger Mitarbeiter im Finanzbereich eines Automobilkonzerns mit eingefleischten Strukturen, die vehement verteidigt werden (…) voll und ganz wieder. Auch finde ich immer mehr Gleichgesinnte und falls uns die 50-Jährigen bis dahin nicht assimiliert haben, übernehmen wir in 15 Jahren das Sagen.«

Es tut sich also überall etwas. Es dauert nur. Und Sie müssen für sich entscheiden, ob Sie die Geduld haben, zu warten, wenn Sie beim Lesen festgestellt haben, dass Sie zwar im richtigen Karrieresystem arbeiten, dieses aber nicht besonders hoch entwickelt ist. Wie wichtig es allerdings ist, das falsche Karrieresystem schnell genug zu verlassen, zeigt die Geschichte von Florian.

Verlassen Sie das falsche Karrieresystem!

***Florian** trägt bei unserer ersten Begegnung einen roten Pullover zur Anzugshose. Er fällt auf, ist groß und attraktiv. Selbstbewusst ist er auch; er weiß, was er will. Auf den ersten Blick fügt er sich deshalb nicht ins Muster derjenigen, die einen Burn-out erleiden. Das sind der Erfahrung nach oft Menschen, die sich aufreiben und anpassen. Es sind eher solche, die anderen keine Grenzen setzen. Was wiederum passt: Menschen, die nach Leistung streben, erkranken eher. Leistungsorientiert ist Florian auf jeden Fall. Er möchte im Team überdurchschnittliche Ergebnisse zum Wohl des Unternehmens erreichen. Ein idealer Mitarbeiter, könnte man meinen.*

Florian musste in seiner Jugend von früh bis spät im Hotel seiner Eltern aushelfen. Eigentlich sollte er den Betrieb übernehmen, doch er wollte studieren. So lernte er trotz nächtlicher Arbeit und ohne elterliche Unterstützung frühmorgens vor der Schule. Sein Abi schaffte er mit 1,3. Das Studium später war auch eine leichte Übung für ihn. Sein Abschluss in Wirtschaftswissenschaften war einer der besten an der renommierten Universität Mannheim. Er arbeitete in den ersten Berufsjahren in den USA und Kanada, bewährte sich in internationalen Unternehmen immer wieder aufs Neue. Stressige Tage und Wochenendarbeit konnte er gut vertragen. Er arbeitete gern, vor allem, wenn es darum ging, zusammen mit anderen etwas aufzubauen.

Es lag also nicht an Überlastung. Florian wurde krank, weil er nicht die Art von Leistung bringen durfte, die seinen Werten entsprach. Erst unterforderte man ihn intellektuell und dann ließ ihn sein Chef auflaufen. Er wünschte sich, dass seine Leistung konkret messbar gemacht würde und vergleichbar sei. So kannte er es aus den amerikanischen Firmen, für die er früher tätig war. Doch das Unternehmen setzte darauf, dass sich der Stärkere durchsetzen würde.

Es pflegte sein dynamisches Karrieresystem, allerdings in der niedrig entwickelten Variante ohne Gegengewicht und mit schwachen Führungskräften.

»Ich will nachhaltige und messbare Erfolge«, sagt Florian. Der Konzern hatte Florian mit dem Ziel angestellt, eine neue Einheit aufzubauen, die die auseinanderdriftenden Ländergesellschaften zusammenbringen sollte. Im Laufe der Jahre hatten sich diese Länderfirmen nämlich verselbstständigt, jeder kochte sein eigenes Süppchen. Die Manager in den Landesgesellschaften führten die Unternehmen wie Fürsten ein Fürstentum, nicht mit Blick auf gemeinsame Ziele und den Nutzen der Gesamtheit, sondern aus reinem Eigeninteresse und egoistischem Machtdenken. Verteilt über den ganzen Globus befehligte jeder seine eigenen Untergebenen. Sie kämpften für Unabhängigkeit und maximale Regelfreiheit. Messbarkeit? Zahlen, Daten, Fakten? Undenkbar! Knüpften sie Seilschaften, hatten diese nur einen gemeinsamen Zweck: die Abwehr des Feindes. Und dieser Feind war die neue Einheit, der Florian vorstand. Diese Einheit sollte Machtreviere beschneiden. Natürlich taten die Fürsten alles, um das zu verhindern. Mittel der Kriegsführung waren bewusstes Totschweigen, Aussitzen, Hinter-dem-Rücken-Agieren und Intrigieren.

Alphatiere machen sich die Regeln selbst

Die Unternehmensführung blieb in Deckung. »Der Stärkere wird sich durchsetzen«, dachte sie in streng darwinistischer Logik. Doch schon die Einführung einer zentralen Software, deren Nutzen Florian konkret mit Zahlen belegt hatte, boykottierten die Fürsten mit dem wirksamsten Mittel, das sie besaßen: Ignoranz.

Florian will auf keinen Fall wieder in ein solches Unternehmen. »Wir haben wirklich gute Leistung gebracht. Top-Ergebnisse, glauben Sie mir, Frau Hofert«, sagt er.

Würde ich mit Florians Chef sprechen, würde er vielleicht sagen: »Er hat sich nicht gegen informelle Machthaber durchgesetzt und immer auf seine Zahlen gepocht. Er hat es nicht geschafft, Alphatiere auf seine Seite zu ziehen, dafür muss man nun mal geschickt netzwerken.« Sie merken es sicher, es ist alles eine Frage der Perspektive und des präferierten Worklifestyles.

Florians Worklifestyle ist Performance orientiert. Wir haben mithilfe seines Testergebnisses ein Anforderungsprofil für seinen nächsten Job und sein nächstes Unternehmen erstellt. Es sollte hoch entwickelt sein, eine klare Strategie haben und Mitarbeitern klare und eindeutige Zielvorgaben geben. Diese Ziele sollten langfristig und nicht auf einen schnellen Kunden- oder Kursgewinn ausgerichtet sein.

Formulieren Sie ein Anforderungsprofil für Ihr ideales Unternehmen

Einst hatte ich Einsicht in ein Anforderungsprofil der Deutschen Telekom – 60 Seiten mit Erwartungen an den Bewerber. So viel müssen Sie nicht schreiben! Im Grunde reichen fünf bis sieben Punkte zu jedem der folgenden Bereiche:

- Welche Rahmenbedingungen muss mein Job auf jeden Fall erfüllen? (zum Beispiel mit dem Fahrrad erreichbar, internationales Team)
- Was soll mir mein Job bieten? (zum Beispiel persönliche Weiterentwicklung, stringente Einarbeitung)
- Was ist mein bevorzugtes Karrieresystem? (zum Beispiel Conventional Career)
- In welchen Räumen wollen Sie arbeiten? (Dieser Punkt wird stark unterschätzt, ist aber extrem wichtig. Denken Sie nur an Introvertierte in lauten Großraumbüros!)

Mit einem Anforderungsprofil sind Sie optimal vorbereitet, um im Vorstellungsgespräch gezielt eigene Fragen zu platzieren.

Schauen Sie ins Unternehmen hinein!

Trauen Sie nicht dem Schein! Schauen Sie in die Unternehmen hinein und achten Sie auf Kompatibilität mit Ihren Vorstellungen und Werten. Was für Ihren Kollegen gut ist, kann für Sie falsch sein. Probearbeitstage sind aus diesem Grund immer sinnvoll. Öffnen Sie dabei Ihre Ohren und Augen weit und gehen Sie Erfahrungen von anderen auf den Grund.

Sie können sich auch über Berichte und Fotos einen Eindruck vom Innenleben eines Unternehmens machen, dafür gibt es beispielsweise die Internetseite kununu.com. Anhand der dortigen Einträge bekommen Sie schon eine Ahnung vom vorherrschenden Karrieresystem. Um einschätzen zu können, ob das Karrieresystem für Sie passt, müssen Sie Ihres natürlich vorher identifiziert haben. Wenn Sie bereits berufserfahren sind, fällt Ihnen das womöglich leichter.

Definieren Sie dann für sich Werte, die im neuen Unternehmen gelten sollten. So könnte die Liste Ihrer Werte aussehen:

- Klare, gemeinsame Ziele
- Kooperation auf allen Ebenen
- Keine Hierarchien

Daraus können Sie nun Ihre Fragen an das Unternehmen formulieren, etwa: »Woran zeigt sich, dass Ihr Unternehmen ein klares Ziel verfolgt?«, »Welche Rolle spielt dabei die Gemeinsamkeit?« Und: »Welche Vision von Kooperation verfolgen Sie?«

Schwindeleien durchschauen

Sind Sie eine begehrte Fachkraft, müssen Sie damit rechnen, dass man Ihnen nicht immer reinen Wein einschenkt. So wie Bewerbern jahrzehntelang eingetrichtert wurde, sie müssten sich im Vorstellungsgespräch gut verkaufen, so denken auch Unternehmensvertreter, sie müssten das tun. Anstatt also ehrlich anzusprechen, dass man dieses oder jenes derzeit noch nicht bieten könne, versprechen sie das Blaue vom Himmel.

Einige Berufsstarter dachten, sie wären im falschen Film, als sie ihre Arbeit antraten. Da gab es nicht einmal das versprochene vegane Menü in der Kantine! Statt dem ruhigem Zweierbüro erwartete sie ein lautes Großraumbüro. Eine Kandidatin bekam statt einem direkt vier Chefs. Eine andere erfuhr nach 14 Tagen, dass sie drei Vollzeitjobs erledigen sollte, deren Mitarbeiter eingespart worden waren. Das ist unfair und zeugt von einem ganz schlechten Stil. Erst wenn die Unternehmen merken, dass Bewerber Konsequenzen ziehen, wenn ihnen so etwas passiert, werden sie handeln und nicht mehr lügen.

Eines möchte ich hier noch hinzufügen: Manchmal sind Werte, die wir für uns definieren, nicht unsere eigenen. Das ist dann der Fall, wenn wir noch – meist bis etwa 35 Jahre – sehr von unseren Eltern, Freunden oder Bekannten beeinflusst sind. Wir haben dann noch nicht zu unserem inneren Kern gefunden, sondern richten uns an anderen aus. Unser Anerkennungsbedürfnis ist nämlich hoch. Wir wollen akzeptiert sein und tun dafür manchmal Dinge, die wir eigentlich gar nicht tun wollen. Oder richten uns an Vorbildern aus, die nicht unsere sind. So ist die Better-World-Career »politisch korrekt«, weshalb viele denken, sie müssten das auch wollen. Aber natürlich ist das Unsinn.

Wenn man sich noch nicht so auskennt, kann man sich mit den Karrieresystemen auch täuschen. Dann denkt man vielleicht: »McKinsey, cool, das will ich auch« – aber hat noch nicht verstanden, dass das nicht das eigene System ist, sondern das von seinen Freunden. Das ist eben wie mit Autos: Bestimmte Marken sind angesagt, andere nicht. Das hat mehr mit Image zu tun als mit wirklichem Gefallen.

Wenn Sie nicht sicher sind, wie Sie gern sein würden – zum Beispiel Performance-orientiert –, verhindert das Ihren Erfolg dort, wo Sie aus Imagegründen hinstreben. Sie können da nicht authentisch, also bei sich selbst bleibend, Ihr Leistungspotenzial entfalten. Wenn Sie zum Beispiel als kooperativer Teammensch in einem Performance-Karrieresystem landen, weil Ihre Freunde auch da sind, werden Sie da weder glücklich noch erfolgreich werden.

Fragen Sie sich also möglichst früh und immer wieder: Was will *ich*? Sollten Sie bereits im Beruf stecken und in einem Karrieresystem gelandet sein, das nicht zu Ihnen passt – oder in einem Unternehmen, das dieses Karrieresystem ungesund interpretiert –, trennen Sie sich rechtzeitig. Eine der größten Vorteile der neuen Arbeitswelt ist die hinzugewonnene Unabhängigkeit. Sie müssen nicht für immer bei einem Arbeitgeber bleiben, der überhaupt nicht zu Ihrem Wachstum beiträgt.

Was will *ich*?

Interview mit Henner Knabenreich

Stellen Sie sich bitte kurz vor!

Mein Name ist Henner Knabenreich. Ich lebe mit Frau und Mops als Exil-Bielefelder in Wiesbaden. Unter dem Motto »Ich optimiere Ihren Arbeitgeberauftritt« sorge ich als Geschäftsführer der knabenreich consult GmbH mit digitalem Personalmarketing dafür, dass Unternehmen die richtigen Bewerber finden.

Wie haben Sie selbst Karriere gemacht?

Nach einer Lehre als Einzelhandelskaufmann und vielen langen Jahren im Verkauf Studium der BWL mit Schwerpunkt Personal. Im Studium habe ich mich insbesondere für die Themen Personalmarketing und Recruiting begeistern können.

Meine Diplomarbeit schrieb ich über die Karriere-Auftritte und das Recruiting der 50 größten Arbeitgeber in Deutschland. Das Thema hat mich seitdem nicht mehr losgelassen. Denn schon damals, das war 2004, war der Großteil der Karriere-Websites selbst großer, namhafter Unternehmen stark optimierungsbedürftig. Und auch heute gibt es noch viel Optimierungspotenzial. Stets das Ziel vor Augen, gutes Online-Personalmarketing zu machen, bin ich dann über Umwege als Recruiter, Assistent der Geschäftsleitung und Berater endlich an meinen Traumjob in Wiesbaden gekommen. Mein Blog personalmarketing2null war dann das Sprungbrett in meine Selbstständigkeit. Ein Schritt, den ich bis heute nicht einmal bereut habe.

Wie ticken Bewerber heute?

Ob Bewerber heute anders ticken als früher, vermag ich nicht zu sagen. Klar ist, dass sie gewisse Dinge als selbstverständlich erachten. Also dass sie die Möglichkeit haben, sich im Internet über ihren potenziellen Arbeitgeber zu informieren. Und dabei nutzen sie verschiedene Kanäle. Am Anfang aller Recherchen aber steht Google. Umso wichtiger also, da mit einer Karriere-Website oder den aktuellen Stellenangeboten gefunden zu werden – und nicht mit unter Umständen auch noch schlechten Bewertungen beim Arbeitgeberbewertungsportal kununu.

Bewerber wollen die Möglichkeit haben, sich online zu bewerben. Und zwar möglichst simpel per E-Mail und nicht über komplizierte Online-Formulare, für die man im Zweifelsfall ein Studium, auf jeden Fall aber gute Nerven benötigt. Der heutige Bewerber ist nicht nur mündiger, er hat auch im Verhältnis wesentlich mehr Möglichkeiten, sich über Arbeitgeber zu informieren – Stichwort Social Media – und dies in seine Entscheidungen einfließen zu lassen, als das noch vor einigen Jahren der Fall war. Man muss sich immer vor Augen halten, dass der Wettbewerb nur einen Klick entfernt ist. Das tun aber nur wenig Arbeitgeber. Ebenso wie viele noch nicht realisiert haben, dass wir mittlerweile in vielen Branchen und Berufen einen Bewerbermarkt haben. Und das bedeutet, dass der Bewerber entscheidet, welchen Arbeitgeber er aussucht. Und nicht umgekehrt.

Auch bietet das Internet heute für Bewerber selbst viele Möglichkeiten, sich zu präsentieren und über Blogs, Businessnetzwerke et cetera an der eigenen Online-Reputation im Sinne von »Personal Branding« zu arbeiten.

Was hat sich gegenüber früher verändert?

Der Bewerber sitzt mittlerweile am längeren Hebel. Auch hat er die Möglichkeit, aktiv ins Geschehen einzugreifen und beispielsweise an der Reputation eines Arbeitgebers mitzuwirken. Bewerber sind in vielen Fällen selbstbewusster geworden und stellen entsprechende Forderungen beziehungsweise haben entsprechende Vorstellungen, was ein Arbeitgeber bieten sollte. Umso wichtiger ist es für Arbeitgeber, sich mit diesen Forderungen und veränderten Wertvorstellungen auseinanderzusetzen, um entsprechende »Pakete« zu schnüren, die diesen Anforderungen gerecht werden. Und davon ist nicht nur die viel zitierte Generation Y betroffen, das betrifft im Grunde alle Alters- und Bildungsklassen.

Was bieten Unternehmen heute mehr als früher?

Die Frage ist, ob sie wirklich mehr bieten. Sicher, viele Unternehmen erkennen die Zeichen der Zeit und passen ihr Leistungsversprechen als Arbeitgeber an – beispielsweise eine bessere Vereinbarkeit von Familie und Beruf, Unterstützung bei der Pflege von Angehörigen oder mehr Freiräume. Viele vergessen dann aber, diese Benefits zu kommunizieren, andere bieten sie gar nicht erst an.

Ich habe den Eindruck, dass das Thema »demografischer Wandel« in vielen Unternehmen noch nicht angekommen ist und man weitermacht wie bisher. Klar, das hat ja in der Vergangenheit auch so funktioniert. Auch über die Tatsache, dass der Bewerber sich seinen Arbeitgeber aussuchen kann und welch immens wichtige Rolle das Internet für die Bewerbersuche spielt, sind sich viele Unternehmen noch nicht im Klaren.

Wo hakt es noch?

Grundsätzlich ist festzustellen, dass in den Personalabteilungen der Unternehmen immer noch nicht angekommen ist, dass sich die Rekrutierungswege geändert haben. Selbst der renommierte Autobauer Porsche hat bis vor einigen Monaten keine Online-Bewerbungen von Fach- und Führungskräften erlaubt. Andere Unternehmen setzen ausschließlich auf E-Recruiting und senden Bewerbern ihre per Post zugesandten Unterlagen zurück. Diese Arroganz setzt sich in vielen Fällen im Rekrutierungsprozess fort, der Personaler sitzt immer noch auf einem viel zu hohen Ross und betrachtet den Bewerber als Bittsteller.

Auch setzt man sich zu wenig mit neuen Technologien oder Medien auseinander – etwa Mobiltelefonie oder Social Media – und agiert dort, wenn überhaupt, nur halbherzig. Man setzt nur auf Bekanntes, probiert nicht gerne Neues aus. Potenziale von Stellenanzeigen – Aufbau, Gestaltung, Inhalte – werden nicht genutzt, bei der Wahl von Online-Jobbörsen setzt man eher auf große Flaggschiffe als auf zielgruppenaffine Nischen-Jobbörsen. Mitarbeiterempfehlungsprogramme werden viel zu wenig genutzt, dabei stellen sie einen der effizientesten Rekrutierungskanäle dar.

Auch tut man sich schwer, die eigene Identität und die Alleinstellungsmerkmale als Arbeitgeber nach außen zu tragen. Das, was Unternehmen heute unter dem Deckmantel des sogenannten Employer Branding – also dem Bilden einer Arbeitgebermarke – betreiben, ist in den meisten Fällen nur Augenwischerei mit schmissigen Slogans und leeren Worthülsen.

Wie erkennen Bewerber die Firma, die zu ihnen passt?

Eine verdammt gute Frage. Letztendlich findet ein Bewerber dies nur im persönlichen Gespräch und beim »Hineinschnuppern« ins Unternehmen heraus. Im Vorfeld kann er sich nur auf die Aussagen verlassen, die er auf der (hoffentlich vorhandenen) Karriere-Website oder anderweitig im Netz findet. Beispielsweise auf einem Blog – hier sammelt ein Arbeitgeber schon Pluspunkte, weil er dort (idealerweise) Inhalte bringt, die er nicht auf der Karriere-Website darstellt und die von echten Mitarbeitern geschrieben wurden. Andere Quellen sind Arbeitgeberbewertungsportale, Bewerberforen oder soziale Netzwerke. Hier kann er sich austauschen und/oder schauen, ob seine Vorstellungen und die Kultur des Arbeitgebers zusammenpassen. Hilfreich sind dabei auch Videos, Bilder oder Mitarbeitertestimonials, die den Arbeitstag beschreiben. Letztendlich ist aber all dies keine Garantie, dass es dann im Unternehmen auch so aussieht wie beschrieben. Ob die Chemie stimmt, entscheidet sich erst im persönlichen Kennenlernen.

Das richtige Umfeld finden: Blicken Sie hinter die Kulissen

Es ist nicht leicht herauszufinden, wie Firmen wirklich ticken und wen sie eigentlich suchen. Ich habe oft erlebt, wie Stellenanzeigen entstehen. Große Unternehmen stecken zwar viel Zeit in ihre Stellenprofile, vernachlässigen jedoch die authentische Kommunikation ihrer Werte – ja, haben nicht selten Angst vor zu viel Offenheit.

Ziel vieler Unternehmen ist es, möglichst gute Mitarbeiter zu bekommen (und nicht etwa möglichst passende!). Einigen scheint jedes Mittel recht zu sein. Teilweise nutzen sie sogar eine regelrechte Werbesprache, zu der bisweilen auch das berühmte Kampagnen-Du gehört. Das ist eine unehrliche Ansprache mit Formulierungen wie: »Du liebst es … Du magst …«

Wunschprofil mit Model-Maßen

Kleinere Unternehmen haben oft nicht einmal ausgereifte Stellenprofile, was dazu führt, dass vielfach ein Wunschprofil beschrieben wird, mit Model-Maßen, die es gar nicht gibt. Arbeitgeber neigen dazu, dieses Wunschbild schnell zu revidieren, wenn sie bereits Kandidaten kennengelernt haben. Beispielsweise sucht ein Unternehmen jemanden mit mindestens fünf Jahren Erfahrung (A), professionellen SAP-Kenntnissen (B) und Branchenkenntnissen (C) – und stellt dann doch jemanden ein, der weder A, B noch C besitzt.

Trauen Sie keiner Anzeige!

Die in Anzeigen genannten Soft Skills enthalten oft gar keine Aussage, sondern lediglich eine Platzhalterfunktion. Teamfähigkeit etwa steht in 80 Prozent aller Inserate, wirklich von Bedeutung ist sie aber nur in einem kleinen Teil davon. Ich kann deshalb nicht umhin zu sagen: Trauen Sie keiner Anzeige! Die Empfehlung vieler Kollegen, sich nur zu bewerben, wenn man mindestens zu 100 Prozent auf ein Profil passt, kann ich deshalb nicht teilen. Ich habe Bewerber erlebt, die nur zu 30 Prozent passten und den Job bekamen – und solche, die zu 150 Prozent ideal zu sein schienen und nicht einmal eingeladen wurden.

Manchmal müssen Sie deshalb einen größeren Aufwand betreiben, indem Sie viele Bewerbungen versenden und öfter Nein sagen, ehe Sie einen Treffer landen. Es kann sein, dass Sie fünf Angebote ablehnen müssen, aber das sechste das richtige ist. Dabei ist es nicht so, dass nur die Bewerber mit den Idealprofilen viele Angebote bekommen, sondern auch ganz normale Standardlebensläufe.

Allerdings müssen Sie sich, wenn Sie auch mal Nein sagen wollen, auf eine längere Suche einstellen. Sie brauchen zudem, wenn Sie ängstlich sind, ein bisschen Nerventraining. Ein wenig wählerisch zu sein, zahlt sich aber meistens aus. Ein Probearbeitstag etwa schützt vor bösen Überraschungen. Man sieht das Büro und die Kollegen und bekommt einen ersten Eindruck. Eine Kundin sagte nach einem Probearbeitstag: »Nie möchte ich hier arbeiten. Das ist ja wie eine Gruft! Da gehe ich ein!«

Mindestens ein Probe-arbeitstag

Wählerisch zu sein, ist gut, allerdings sollte man es auch nicht übertreiben. Einige, meist jüngere Bewerber suchen nach einer Art Trauminsel, wo alles möglich ist – Arbeiten im konfliktfreien Paradies gewissermaßen. Das gibt es natürlich nicht. Sie werden sich immer zu einem gewissen Grad anpassen und mit Menschen zurechtkommen müssen, die Sie nicht mögen. Rechnen Sie auch mit Versprechungen, die nur halb umgesetzt werden. Es gibt immer wieder Phasen im Unternehmen, in denen Altes und Neues parallel besteht und sich mehr oder weniger offen bekämpft. Wenn Unternehmen Home-Office erlauben, mitunter zähneknirschend und gegen die Überzeugung traditioneller Manager, geht das nicht ohne Wenn und Aber.

Durch Kommentare auf meine Blogposts weiß ich, dass viele junge Menschen jahrelang nach der passenden Stelle suchen und nirgendwo zufrieden sind. Sie fangen verschiedene Jobs an, aber keiner gefällt ihnen. Sie gehen keine Kompromisse ein, erwarten das perfekte Karrieredinner und fragen sich enttäuscht, warum ihnen das denn niemand auftischt. Sie finden alle Chefs blöd und können sich mit keiner

Linie so richtig anfreunden. Ihr Karrierepotenzial geht nirgendwo auf. Das ist schade!

Gehen Sie auch Kompromisse ein!

Erwarten Sie keine Arbeitsparadiese, blühende Unternehmenslandschaften und perfekte Chefs und Kollegen. Es gibt überall Menschen, die nicht auf Ihrer Wellenlänge sind, und die Kunst ist, auch mit diesen kommunizieren zu können. Kurzum, der eine oder andere Kompromiss gehört zur systematischen Karriere dazu.

Wie Sie Unternehmenseinblicke bekommen – Tricks und Kniffe

Leere Worte aussortieren

Damit Sie keinen falschen Versprechungen von Unternehmensseite auf den Leim gehen, möchte ich Ihnen jetzt fünf Tricks und Kniffe verraten, die Ihnen dabei helfen werden, sich ein realitätsnahes Bild von einem neuen Unternehmen zu machen.

Trick Nummer 1: Karriere-Webseiten

Karriere-Webseiten bieten Ihnen erste Indizien. Sie müssen nur die leeren Worte und den Werbeschnickschnack aussortieren. So mag es ein Firmen-Video geben, das nur blutjunge Mitarbeiter zeigt. In den Pressemeldungen aber entdecken Sie ein Foto mit lauter über 50-jährigen Firmenvertretern. Seien Sie versichert: Das ist das wahre Bild – nicht das Video!

Trick Nummer 2: Siegel

Durchschauen Sie Siegel wie »Greatplacetowork« und »Top-Arbeitgeber«. Das Unternehmen bezahlt Geld für die damit verbundenen Befragungen und Zertifizierungen, also sind diese Urteile nie neutral. Je schlüssiger und natürlicher sich ein Arbeitgeber jedoch zeigt, je mehr von der Arbeitswirklichkeit er preisgibt, desto mehr spricht dafür, dass nicht nur die Hülle, sondern auch der Kern stimmt. Wenn ein Unternehmen etwa zugibt, noch viele Baustellen zu haben, oder sagt, dass durchaus noch nicht alles perfekt sei, würde ich das erst einmal sehr positiv bewerten.[10]

Hierzu schreibt das Unternehmen oose Informatik sehr authentisch: »Wie bei den meisten Wettbewerben dieser Art kostet die Teilnahme Geld und das Ranking bezieht sich lediglich auf den Vergleich mit anderen teilnehmenden Unternehmen. Solche Wettbewerbe sind also einerseits bezahlte Werbeveranstaltungen um Arbeitgebermarken zu polieren und entsprechend kritisch zu sehen. Wir sind uns dessen bewusst. (...) Wir wollten wissen, wo wir im Vergleich zu anderen stehen und was wir noch weiter verbessern können. So waren es vor allem die weniger schmeichelhaften und für Mitarbeiter und Geschäftsführung eher ernüchternden Teile der Ergebnisse, die eine kritische interne Reflektion und Veränderungsimpulse auslösten und für uns langfristig wertvoller waren als die kurzen Werbemaßnahmen.« Das liest sich doch, als wäre das Unternehmen ehrlich bemüht.

Bezahlte Werbeveranstaltungen

Trick Nummer 3: PR entlarven

Es gibt Unternehmen, die haben es raus: Sie sind bei Youtube und geben sich ganz cool. Dahinter stecken aber oft PR-Strategen, was nicht schlecht sein muss. Die Berliner Unternehmensberatung Partake, in der es keine Chefs mehr gibt und jeder selbst entscheidet, in welchen Projekten er mitmischt,[11] hat durch solche Maßnahmen eine gute Presse gehabt. Fragen Sie sich immer: Soll hier nur ein Unternehmen bekannt gemacht werden – oder steckt auch etwas mit Hand und Fuß dahinter?

Trick Nummer 4: Bewertungen lesen

Weitere Anhaltspunkte können sich aus Arbeitgeberbewertungsportalen wie kununu.com oder in Foren wie wiwi-treff.de ergeben, wo manchmal Tacheles geredet wird (bisweilen aber auch übertrieben). Allerdings sind die Beiträge anonym und man kann nie ganz sicher sein, ob das alles stimmt und ob es noch stimmt. Manipulationsversuche sind durchaus üblich. Gerade PR- und Werbeagenturen sind dafür bekannt, Mitarbeiter mehr oder weniger dezent um eine Bewertung zu bitten. Wenn ein Unternehmen jedoch über einen längeren Zeitraum immer wieder schlecht bewertet wird, ist dies meist ein Indiz.

Manipulationsversuche sind üblich

Achtung: Manche Unternehmen, die schlecht bewertet sind, legen ihr Unternehmen ein zweites oder drittes Mal neu an (schreiben dann beispielsweise »gmbH« klein) und sammeln dann gute Bewertungen unter dem zweiten Account.

Trick Nummer 5: Mitarbeiter ansprechen

Die beste Empfehlung sind die Mitarbeiter selbst. Hören Sie sich in Ihrem Umfeld um, sprechen Sie möglichst viele Menschen an. Je wichtiger Ihnen ein nettes Team für die Entfaltung Ihrer Karrierepotenziale ist, desto hilfreicher wird das sein. Aber Vorsicht: Was der Kollege gut findet, muss für Sie noch lange nicht passend sein.

STRATEGIE 3:
WIE SIE MIT SYSTEM BERUFLICHE ENTSCHEIDUNGEN TREFFEN

Im ersten Teil haben wir uns damit beschäftigt, das richtige Umfeld für die berufliche Entwicklung zu finden. »Kann man sich das überhaupt aussuchen?«, fragen Sie sich jetzt vielleicht. Ganz klar: Ja! Allerdings müssen Sie die richtigen Entscheidungen getroffen und dadurch ein gutes berufliches Profil ausgebildet haben – oder jetzt anfangen, daran zu arbeiten. »Was genau muss ich dafür tun?«, fragen Sie jetzt möglicherweise. »Gibt es Geheimrezepte?« Die gibt es tatsächlich – darum geht es in diesem Kapitel.

Kombinieren Sie System 1 mit System 2

Das erste Geheimrezept heißt: Entscheiden Sie mit Köpfchen. Menschen in Nord- und Westeuropa haben die Qual der Wahl. Die Möglichkeiten in unserer individualistischen Kultur werden immer mehr, was Entscheidungen nicht leichter, sondern schwerer macht. Unter 70 000 Studiengängen den für sich passenden zu finden, ist nicht einfach. So entscheiden sich immer noch die meisten Menschen für die klassischen Studiengänge wie BWL oder Jura. Und obwohl sich die Zahl der anerkannten Ausbildungsberufe von rund 800 auf 345 reduziert hat, wählen die meisten Lehrlinge heute noch die gleichen Berufe wie vor zehn Jahren. Vielfalt wird wenig angenommen. Oder anders: Man entscheidet sich für das, was man kennt. Das ist auch nur verständlich. Unser Gehirn blendet ein Zuviel an Informationen einfach aus, mehr als fünf bis sieben Informationen kann es gar nicht zeitgleich verarbeiten. Zudem bevorzugt es das Bekannte, deshalb die immer gleichen Studiengänge und Berufe.

Unser Gehirn bevorzugt das Bekannte

Das ist ein kognitionspsychologisches Phänomen, es nennt sich Verfügbarkeitsheuristik. Wir halten etwas für richtig, weil wir es oft sehen und hören. Das erklärt nicht nur die Studien- und Berufswahl, sondern auch, warum immer die gleichen Namen auf der Liste der Top-Unternehmen auftauchen, die sich Absolventen als Arbeitgeber wünschen. Ein »Audi« ist eben verfügbarer als ein B2B-Unternehmen, das sehr innovativ ist, aber eben nicht bekannt.

Unsere Entscheidungen orientieren sich ungern am Neuen, weil das Neue mehr Nachdenken erfordert und uns erst einmal fremd ist. Verschiedene Kognitionsforscher unterscheiden zwei verschiedene Denksysteme, der bekann-

System 1: Schnelles Denken

teste ist der Nobelpreisträger Daniel Kahnemann mit System 1 und System 2. System 1 ist das schnelle Denken, das uns wenig anstrengt. System-1-Entscheidungen lauten zum Beispiel: »Ich entscheide mich für BWL, das scheint ein sicheres Fach zu sein.« Oder: »Ich brauche Auslandserfahrungen, also gehe ich in die USA.«

System 2 verbraucht mehr Zeit, Anstrengung und wesentlich mehr Energie. Hier geht es um Nachdenken, tieferes Sinnen, zum Beispiel über eigene Beweggründe, Ziele und Gegenbeweise für scheinbare Tatsachen und Thesen. Man kann das systematisch üben, im Grunde ist es leicht: Fragen Sie sich bei allem, was Ihnen als »Musterlösung« präsentiert wird, ob es nicht einen Beweis für das genaue Gegenteil geben könnte.

System 2: Nachdenken

Berufsentscheidungen sollten immer mit dem System 2 getroffen und durchdacht werden. Damit vertrete ich eine Ansicht, die in meiner Disziplin eher ungewöhnlich ist. Die meisten Berater und Coachs raten zu einer Bauchentscheidung oder sagen Dinge wie »Folge deinem Herzen«. System 1 repräsentiert, wenn Sie so wollen, den Bauch oder auch das »Herz«. Natürlich gibt es weder Bauch noch Herz als Entscheidungsträger – es findet alles in unserem Kopf statt. Sich auf den Bauch oder das Herz – im Grunde genommen also auf System 1 – zu berufen ist richtig, wenn man ausreichend Informationen verfügbar hat und in alle Richtungen gedacht hat. Dann kann es sein, dass System 2 Argumente für System 1 liefert – und Ihr »Gefühl« bestätigt, dass das Studium des Produktdesigns genau richtig für Sie ist.

Das erlebe ich in der Beratung öfter. Ich erlebe es aber auch andersrum: Dann will System 1 etwas, für das System 2 keine Argumente liefern kann. »Ich will aber einen richtigen Beruf haben, deshalb werde ich Lehrer«, ist eine typische System-1-Begründung. »Ich kann wunderbar mit jungen Erwachsenen umgehen. Ich möchte Ihnen meine Leichtigkeit im Umgang mit Zahlen vermitteln und dabei immer besser werden«, wäre dagegen eine Begründung, bei der er es gelungen ist, System 1 und System 2 zusammenzubringen. Das kostet leider oft Zeit und eben Gehirnkapazität. Andererseits verbrauchen Sie so mehr Kalorien. Es lohnt sich also, sich darauf einzulassen.

System 1 ist ein wirklich fauler Genosse. Es möchte immer erst wissen, welche Belohnung am Ziel wartet, statt einfach so drauflos-zudenken. Viele Wegkreuzungen und Nebenwege verwirren es. Stellen Sie sich das so vor: Sie stehen vor eine Weggabelung. Der eine Weg an Ihrer Kreuzung ist bereits aufgeräumt und klar, der andere ist wirr, überall liegen Äste und verhindern Büsche die Durchsicht. Der eine Weg ist einfach zu gehen, der andere muss erst freigeräumt werden. Dieser zweite Weg ist System 2 – er ist mit Arbeit verbunden. Diese Arbeit sieht so aus: Sie müssen für sich durchdenken, was Sie kurz-, mittel- und langfristig von Ihrem ersten oder nächsten beruflichen Schritt erwarten.

Was erwarten Sie von Ihrem Karriereschritt?

Wozu soll dieser nächste Schritt dienen, wohin soll er führen? Entscheiden Sie sich, ob Sie lieber länger- als kurzfristig denken wollen. Zum langfristigen Denken gibt es zwar eine natürliche Neigung, aber vielen Menschen fällt es schwer, da viele Faktoren zu bedenken sind:

- Was möchte ich selbst? Was steuert mich?
  Jeder von uns hat »Treibstoff« aus Motivationen, die uns dazu bewegen, etwas zu tun. Geht es Ihnen um das Erlangen eines gewissen Status? Oder um Wissensaufbau? Um maximale Sicherheit? Je nachdem, wie Sie diese Frage beantworten, offenbart das einen deutlichen Unterschied in der Motivation – und liefert so auch verschiedene Entscheidungsgrundlagen.
- Wie beeinflusst – fördert oder hindert – meine Umgebung das, was ich möchte?
- Wie wird eine Partnerschaft, eine neue Liebe, auf meinen Treibstoff wirken beziehungsweise wie wirkt sie jetzt?
- Welchen Einfluss hat meine Lebensplanung, also zum Beispiel Reisen oder die Familie?
- Wie wichtig ist mir persönlich die Sicherheit dadurch, dass ich ein Ziel und eine Planung habe?

Wer System 2 nutzt, wird am Ende meist mutigere Entscheidungen treffen als jemand, der nur auf System 1 setzt. System 1 ist sehr verführerisch. Da schreibt zum Beispiel ein Personalberater in der *Wirt-*

schaftswoche, dass man mit BWL nichts falsch machen kann – und schwups schreiben sich zehn Abiturienten für das Fach ein. Das war die Bestätigung, die sie gesucht haben.

Solche Spontanentscheidungen unter Ausschluss von System 2 sind verbreitet, aber leider im wahren Wortsinn Kurzschlüsse. BWL ist ein schönes Beispiel. Das Fach ist in der Jobampel des *Stern* ganz unten angekommen, bei Rot, was so viel bedeutet wie: Vorsicht, das Fach ist überlaufen. Das hat mit den Entwicklungen der letzten Jahre zu tun: Es gibt immer mehr Studiengänge, die BWL als Aufbauwissen vermitteln – es steht immer weniger für sich allein, sondern wird mehr und mehr zu einem »Das braucht man auch« – aber nicht sofort zum Berufseinstieg. So traut man einem Physiker mit MBA in aller Regel analytische Aufgaben eher zu als einem Wirtschaftswissenschaftler. Der Ökotrophologe mit BWL-Zusatzqualifikation ist im Zweifel in der Pressestelle einer Verbraucherzentrale interessanter als der Nur-BWLer. In der Personalabteilung ist ein Wirtschaftspsychologe passender als ein BWLer, weil er sich beispielsweise mit Testverfahren auskennt. Ein Mediziner mit BWL-Kenntnissen wird eine großartige Laufbahn in der Gesundheitsbranche und angrenzenden Bereichen vor sich haben.

Mutigere Entscheidungen mit System 2

System 1 steuert auch die meisten Entscheidungen im Ausbildungsbereich. Hier hat sich sehr viel verändert: Vor allem im kaufmännischen Umfeld verdrängt das duale Studium die klassischen Lehren wie Industriekaufmann. Hier muss man gar nicht mal so viel System 2 bemühen, um zu verstehen: Wenn man Studienabschluss und Ausbildungszertifikat in einem haben kann, gibt es wenig Argumente, nur eine Lehre zu machen. Das gilt besonders im kaufmännischen Bereich. Der handwerkliche, technische und medizinische Bereich hat sich davon etwas abgekoppelt. Hier ist das duale Studium noch nicht so stark verbreitet, Ausnahme ist etwa die Augenoptik oder auch die Physiotherapie.

Das duale Studium

Oft vernachlässigt bei der Berufs- und Neuorientierung werden auch die sogenannten Engpassberufe. Das sind Berufe, in denen es weniger als einen Bewerber pro Stelle gibt, etwa Maschinenbautechniker. Die Statistik hierfür erhebt das Bundesministerium für Wirtschaft.[1]

Auch wird oft vergessen: Wie gut erweiterbar ist ein Job durch Weiterbildungen und Spezialisierungen? In kaum einer anderen Branche gibt es beispielsweise so exzellente Weiterbildungsmöglichkeiten wie im Gesundheitsbereich. Das macht die auf den ersten Blick unattraktive Ausbildung zur Krankenschwester auf den zweiten Blick vielleicht doch interessant. Es wäre jedenfalls zu sehr »System 1«, die Lehre als Auslaufmodell oder ein Studium als den Königsweg zu bezeichnen. Es hilft nur eins: sich individuell entscheiden lernen.

Ist der Job gut erweiterbar?

Die Geschichte einer Karriere von morgen

Wie entscheidet man im Einklang mit System 1 und 2? Mit einem Fallbeispiel aus meiner Praxis möchte ich Ihnen das näherbringen. Es geht um die Protagonistin Anna, eine junge Norddeutsche. Sie hat lauter Entscheidungen getroffen, die früher gegen Karrierespielregeln verstoßen hätten. Ich konnte ihre Entwicklung besonders gut beobachten, denn sie kommt seit mehr als 10 Jahren zu mir in die Beratung, alle zwei, drei Jahre. Ich sah, wie aus der verunsicherten und schüchternen Abiturientin eine erfolgreiche und selbstbewusste Geschäftsfrau wurde, die heute in New York im Management arbeitet – und zwar obwohl oder gerade weil sie nicht den typischen Weg gegangen ist.

Ihr Karriereweg wäre bis vor wenigen Jahren folgender gewesen: BWL studieren, Traineeprogramm bei einem Konzern wie Procter & Gamble, sich langsam hocharbeiten. Altenativ ein paar Jahre Strategieberatung, Up or Out, beim Out Wechsel in den Konzern, meist recht weit oben direkt einsteigen. Diese Wege gibt es immer noch, weil das Neue sich immer nur langsam durchsetzt. Aber inzwischen müssen altgediente Konzern-Kollegen immer öfter mit erfahrenen Quereinsteigern zusammenarbeiten, die einen ganz anderen Hintergrund haben – einen, den sie früher belächelt hätten. Auch Beratungsunternehmen stellen zunehmend nicht mehr nur Absolventen ein, sondern greifen auch auf erfahrene Fachbewerber und Kandidaten mit spezielleren Erfahrungen zurück.[2]

Anna begann mit 18 Jahren, berufliche Entscheidungen zu treffen.

BWL oder soziales Jahr?

Sie hatte ein Einserabitur und hätte alles studieren können. Für sie aber gab es zunächst nur die Frage, sich direkt für BWL einzuschreiben oder ein soziales Jahr in

Afrika zu machen. Ihr Vater wollte, dass sie sofort studierte, ihre Mutter war für Afrika. Anna war verwirrt. Ihre Mutter bezahlte ihr drei Coaching-Stunden bei mir, und wir gingen ihren Bedürfnissen und Motivationen auf den Grund. »Wenn ich nach Afrika gehe, habe ich doch nichts in der Hand! Damit kann ich nichts machen, und im Lebenslauf kommt das vielleicht zu sozial rüber?«, fragte sie. Anna zitierte mit diesen Bedenken auch den Glaubenssatz, den sie von ihren Freunden und ihrem Vater übernommen hatte: »Mache nur Sachen, bei denen du weißt, dass sie etwas für die Karriere bringen.« Ich erzählte ihr von Menschen, für die eine Weltreise, die Ausbildung als Sanitäter, das Jahr in der Klinik, das Experimentierjahr mit vier Praktika, das Jobben im Lager oder die Pflege der Großmutter prägend gewesen waren. »Der dicke rote Faden ergibt sich erst im Rückblick«, sagte ich. So ein Satz steht anscheinend auch in Steve Jobs Biografie, hat mir einmal eine Kundin erzählt – ich habe sie nicht gelesen.

Wir besprachen Ängste und den unterschwelligen Druck durch die Eltern, die natürlich beide sagten, dass sie keinen Druck ausübten. Am Ende stand die Entscheidung für das soziale Jahr, denn Anna hatte wirklich Lust darauf! Unsere Gespräche legten das nach und nach frei. Und dann konnte Anna ihre Entscheidung auch selbstbewusst vertreten.

Drei Jahre später steckte Anna im BWL-Studium fest – das Studium war ihr unbewusstes Zugeständnis an den Vater. Sie langweilte sich fürchterlich. Sie kam nicht zurecht mit ihren Studienkollegen, die so ganz anders tickten als sie, fand keine Freunde und war unglücklich. Ihre Mutter bezahlte erneut ein paar Stunden bei mir. Wir besprachen das Pro und Contra eines Abbruchs und was danach kommen könnte. Sie entschied sich, im zweiten Semester mit BWL aufzuhören und ein Studium Philosophy & Economics zu beginnen, für das auch ein Schein aus dem BWL-Studium angerechnet werden konnte.

Philosophy & Economics

Auf den ersten Blick ist Philosophie mit Wirtschaft gemischt nicht das Fach, das einem karriererelevant erscheint – und beruflicher Erfolg, gerne auch mit Führungsaufgaben, war durchaus eine tiefere Motivation für Anna. Schaltet man System 2, das langfristige Denken, ein, kann man das Fach neu bewerten: Wirtschaftliche Entscheidungen sind immer schwieriger zu treffen und lassen sich längst nicht mehr an Zahlen und Fakten allein festmachen. Dies war in einer weniger komplexen Wirtschaft möglich, aber nicht mehr heute. Es geht auch um ethische Aspekte. Nicht zuletzt müssen Entscheidungen logisch durchdacht sein. Und in welchem Fach lernt man logisches Denken besser als in der Philosophie?

Anna konnte das Fach an einer kleineren Universität studieren, was für sie als Beziehungsmensch, der gerne in engem Kontakt mit anderen ist und den Anonymität verunsichert, wichtig war. Später schloss sie einen Master an, den sie in den Niederlanden absolvierte. Sie fühlte sich richtig wohl dabei.

Nach dem Studium jobbte Anna eine Zeit lang, unter anderem in London, um die Arbeitswelt mit ihren verschiedenen Gesichtern kennen zu lernen. Sie wollte strategisch in die Breite gehen: Vertrieb, Personal, Marketing – alles wollte sie kennen lernen. Aber nicht bunt und beliebig, sondern mit System 2 durchdacht und begründet: »Ich will mehr lernen über mich und die Arbeit.« Diese Entscheidung, unterschiedliche Bereiche kennen zu lernen, konnte Anna in Vorstellungsgesprächen gut verkaufen. Arbeitgeber fanden es positiv, dass sie nicht einseitig aufgestellt war, sondern über den Tellerrand hinausgeschaut hatte. Geradezu begeistert waren sie über ihr Leitmotiv, viele Bereiche kennen zu lernen anstatt einen geradlinigen Lebenslauf aufzubauen. Schließlich arbeiten moderne Firmen immer mehr interdisziplinär, Abteilungsgrenzen verschwinden zugunsten gemeinsamer Projektarbeit.

Leitmotiv: die Arbeitswelt kennenlernen

Ein weiterer wichtiger Wendepunkt trat ein, als ich mit Anna die Entscheidung zwischen zwei Jobangeboten besprach: das eine ein ganz traditionelles Traineeprogramm bei einem deutschen Konzern, das andere in Ghana – unkonventionell und unsicher, da gerade eröffnet. Jeder traditionelle Berater hätte Anna den Konzern empfohlen. Ich empfahl erst einmal gar nichts. Ich legte vielmehr die Entscheidungskriterien frei, die Anna in die Lage versetzten, selbst entscheiden zu können.

Einer der wichtigsten Schritte auf dem Weg zur guten Entscheidung ist, alle relevanten Informationen zu beleuchten. Dazu gehört etwa der Gedanke daran, welche Bedeutung eine bestimmte Erfahrung im Lebenslauf in ein paar Jahren bekommen könnte. Viele afrikanische Staaten gehören zu den boomenden Ländern, deren wirtschaftliche Bedeutung immer weiter zunimmt. Und Ghana ist einer der fortschrittlichsten Staaten.

Anna entschied sich für Afrika: Zwei Jahre lebte und arbeitete sie in Ghana. Sie nutzte ihre Erfahrung in unterschiedlichen Unternehmensbereichen und erhielt schnell eine Führungsposition. Afrika hatte sie während ihres freiwilligen sozialen Jahres kennen gelernt. Heute zeigt sich, dass die damalige Entscheidung richtungsweisend und richtig war. Denn ohne das soziale Jahr wäre Anna nicht auf Ghana gekommen, ohne den Aufenthalt hätte sie keine Freunde dort gewonnen und ohne Freunde hätte ihr niemand einen Job angeboten. Sie hätte ihr Englisch nicht perfektioniert, kein Französisch gelernt. Das soziale Jahr war eine Entscheidung für den Start ins Berufsleben und letztendlich auch für das Leben insgesamt. Sie wäre sonst auch nie und nimmer nach New York gekommen. Ihre gesamte Karriere wäre so nicht möglich gewesen, wenn sie nach gängigen Karriereregeln gehandelt hätte.

Entscheidung für Afrika

Anna sagt heute: »Hätte ich mein BWL-Studium durchgezogen, hätte mein Selbstbewusstsein arg gelitten. Ich hätte mich nicht getraut, ins Ausland zu gehen oder höchstens für ein Erasmsus-Jahr. Ich hätte heute einen langweiligen Sachbearbeiterjob in einem langweiligen Konzern, in dem ich wenig bewegen könnte. So viel gesehen hätte ich sicher nicht, das würde ich alles vermissen! Und müsste zu Ihnen zu einer Neuorientierungsberatung!«

Interview mit Susanne Kaiser

Es muss nicht immer das Studium oder der Beruf sein, die man auf dem ersten Blick entdeckt! Dass Frauen in der Softwarebranche viel

Spaß haben und Karriere machen können, beweist Susanne Kaiser. Sie ist Diplom-Informatikerin und Chief Technical Officer der Just Software AG. Kaiser ist keineswegs mit dem Computer aufgewachsen – sie hat diese Leidenschaft erst über Umwege entdeckt.

Woran haben Sie gemerkt, dass Technik Ihr Ding ist? Woran können andere es merken?

Mein beruflicher Einstieg in die Welt der Technik – und somit meine Begeisterung für die Programmierung – war alles andere als geradlinig und vorherbestimmt, sondern von Umwegen und Zufällen geprägt. Über einen Abstecher in den vertrieblichen Bereich bin ich im Rahmen eines Praktikums eher durch Zufall mit der Programmierung in Berührung gekommen. An den aufregenden Moment erinnere ich mich noch genau, als mein allererstes, winziges Programm die einzige und zudem sehr sinnfreie Zeile »Ready for takeoff, space cowboy?« am Monitor präsentierte. Mit jedem weiteren Programm, welches ich entwickelte, wuchs die Leidenschaft für Software-Entwicklung. Daraufhin war für mich klar, dass mein Herz nicht für den Vertrieb, sondern für die Informatik schlägt.

Ob die Programmierung einem liegt, findet man meines Erachtens am besten heraus, indem man seiner Neugierde freien Lauf lässt und es einfach ausprobiert. Hierfür gibt es diverse Möglichkeiten, zum Beispiel Online-Programmier-Tutorials, Hackathons, Programmier-Workshops, Praktika und vieles mehr. Darüber hinaus kann man sich auch über Konferenzen oder Netzwerke inspirieren lassen sowie mit Personen austauschen, die bereits in technischen Berufen tätig sind.

Was macht am meisten Spaß an Ihrem Job? Drei Dinge!

An meinem Job fasziniert mich die Kombination aus Team-Spirit, Kreativität und Technologie. Gemeinsam mit Kollegen ein Produkt zu konzipieren und zu programmieren, das den Nutzer unterstützt, unternehmensintern zu kollaborieren, zu kommunizieren und Wissen zu teilen, begeistert mich sehr. Mich inspiriert auch die Flexibilität, in sowohl technischer als auch organisatorischer Hinsicht neue Dinge ausprobieren zu können – und mitunter auch einen falschen Weg einzuschlagen.

Die meisten jungen Frauen haben Angst, an der Mathematik zu scheitern oder nicht schlau genug zu sein. Ist die Angst berechtigt?

Nein, die Angst ist nicht berechtigt. Das Verhaltensmuster, die eigene Leistung zu unterschätzen, ist gerade bei jungen Frauen häufig anzutreffen. Dabei besagen Statistiken im internationalen Vergleich, dass die Leistungen und Fähigkeiten von Mädchen in Mathematik durchaus mit denen von Jungen gleichzusetzen sind.

Warum lohnt es sich, in einer Technikfirma zu arbeiten?

Technische Berufe bieten eine Vielzahl unterschiedlicher, abwechslungsreicher Tätigkeitsfelder. In der Software-Entwicklung beispielsweise sind neben der Programmierung auch Kreativität, Teamwork und Kommunikationsfähigkeiten gefragt. Nur so lassen sich gemeinsam Lösungen erarbeiten oder neue Ideen entwickeln. Jeder Tag ist anders und hält täglich einen Strauß neuer Herausforderungen bereit. Was auch toll ist: Gerade Berufe im IT-Umfeld bieten viele flexible Arbeitsmodelle und -zeiten an, sodass auch Home-Office oder Teilzeit möglich sind. Das kenne ich aus anderen Branchen so nicht.

Wie Sie durchdachte berufliche Entscheidungen treffen

Es ist unmöglich, eine Karriere wie die von Anna vorauszuplanen. Auch das Entdecken von Leidenschaften wie bei Susanne Kaiser ist schwer planbar. Was man jedoch planen kann und sollte, ist der jeweils nächste Schritt: Was will ich tun und wozu soll der nächste Schritt dienen? Man muss nicht das große Ziel kennen, es reicht, sich kleine zu setzen.

Karriereschritte planen

Viele Menschen wollen »Endstationen« erreichen. Sie wollen Vorstand werden, Eventmanager oder Reporter. Es fällt ihnen schwer zu akzeptieren, dass nicht mehr nur geisteswissenschaftliche Studiengänge nicht berufsqualifizierend sind, sondern fast alle anderen auch. Ein Studium der Wirtschaftswissenschaften kann immer öfter überall und nirgendwohin führen. Selbst Fächer wie Medizin lassen viel mehr Wege offen als früher – führen immer öfter auch in die Unternehmen und nicht mehr nur in Praxen. Mathematiker werden auch alles Mögliche, nicht mehr nur Versicherungsaktuare. Sie können – neben vielem anderen – auch Experten für »Employer Branding« werden, wie der netzbekannte Robindro Ullah.[3]

Die Arbeitswelt zu entdecken, um eigene Stärken zu spüren, wird auch deshalb immer wichtiger. Das Ausland gehört dazu, denn hier spielt die Musik der Zukunft. Ich habe während meines ersten Studiums zwei Monate in Moskau und dem damaligen Leningrad verbracht, das kam mir damals viel vor. Heute wäre das lächerlich wenig! Auslandserfahrung und die damit verbundene interkulturelle Kompetenz ist sehr wichtig für alle, die es weiterbringen wollen. Einer meiner Kunden stand vor der Entscheidung für ein Praktikum in den USA oder in Malaysia. Wir besprachen, was er sich von den

Auslandserfahrung und interkulturelle Kompetenz

sechs Monaten für seinen Lebenslauf erhoffe. Er sagte: »Eine besondere Erfahrung im Lebenslauf.« Da war klar, dass Malaysia ihm mehr bringen würde als die USA. Nach dem Abschluss arbeitete er einige Jahre in Deutschland. Dann schickte ihn die Firma nach Malaysia – weil er das Land ja bereits kannte. Ungewöhnliche Entscheidungen werden manchmal erst Jahre später wirksam.

Themen verändern sich heute so viel schneller als früher. Das Prinzip der Nachhaltigkeit etwa formulierte zwar bereits Hans Carl von Carlowitz mit Aussagen wie: »Du sollst keine alten Kleider wegwerfen«, ernsthaft in das allgemeine Gedankengut ging es aber erst seit der Umweltkonferenz in Rio de Janeiro 1992 ein. Und seit etwa 10 Jahren richten Unternehmen Stellen für Nachhaltigkeit ein. Die kleine Idee, dass wir alle für unseren Planeten verantwortlich sind, wird immer größer.

Es gibt so viele Entwicklungen, die die Arbeitswelt direkt beeinflussen – aber wie wird der Einfluss genau aussehen? Die Hirnforschung der letzten Jahre revolutioniert das Wissen über den Menschen. Schon jetzt arbeiten Hirnforscher im Marketing. Auch das Personalwesen wird von diesen Erkenntnissen stärker beeinflusst werden, als es derzeit vielleicht scheint. Ich habe in meinem Blog darüber geschrieben, dass es sein kann, dass 2050 Bewerber gescannt werden, um festzustellen, welche Fähigkeiten sie haben. Denn Begabungen erkennt man im Gehirn. So ist bei Musikern der sogenannte auditorische Kortex größer. Es gibt einen Test für die Personalauswahl und Personalentwicklung, der nur aufgrund der visuellen Wahrnehmung funktioniert. Anhand dessen, was wir beim Sehen präferieren, kann dieser Test erkennen, wie wir denken. Der Test wurde in Hamburg entwickelt und nennt sich VIQ für Visual Questionnaire. Nur daran, wie sich eine Person für Formen entscheidet, sieht man, ob sie extravertiert oder introvertiert ist, wie sie Entscheidungen trifft und ob sie Werbung emotional oder anhand von Zahlen, Daten und Fakten präferiert.[4]

Visual Questionnaire (VIQ)

Welche neuen Themen, neue Gebiete, neue Jobs entstehen, wissen wir derzeit nicht. Klar ist nur, dass ein Studium wie Neurowissenschaften damit auch für den Personalbereich interessant werden könnte – wahrscheinlich interessanter als Wirtschaftswissenschaften und Personalmanagement.

Der 3D-Drucker, der es jedem ermöglicht, eine eigene Produktion zu starten, wird ebenfalls vieles ändern, was wir uns derzeit noch nicht einmal vorstellen können. Können auf diese Weise viele kleine Produktionsunternehmen entstehen? Druckt man sich seine Schuhe dann zu Hause aus und geht der Einzelhandel damit baden? Insgesamt wird so immer unwahrscheinlicher, dass nur *ein* Thema unser ganzes Berufsleben bestimmt. Das Berufsleben wird mehr und mehr zur individuellen Reise, auf der es viel zu entdecken gibt. Pauschalberufsreisen über BWL-Studium und Konzern-Praktika, Traineeprogramme und Führungslaufbahnen führen derweil in immer unsichere Gebiete.

3D-Drucker

Für Sie bedeutet das: Machen Sie sich Ihre eigenen Gedanken, hören Sie nicht auf das, was »man macht«. Denn das gibt es nicht mehr. Mindestens einmal darüber nachgedacht haben, dass Afrika das neue Asien werden könnte und eine wahnsinnige Chance darin liegt! Einmal reflektiert haben, dass eine unkonventionelle Entscheidung die Entscheidung der Mutigen ist und dass das auch von anderen so gesehen werden wird! Dazu gehört aber auch: Einmal zu bedenken, dass sie sich eine klassische Konzernlaufbahn zunächst damit verbauen könnten. Denn noch bestehen alte und neue Welt parallel, es gibt bewahrende und verändernde Kräfte. Die bewahrenden sind in traditionellen Branchen oft eher zu Hause als in dynamischen. Veränderungen greifen in kleinen und mittleren Unternehmen zudem schneller als in größeren.

Machen Sie sich Ihre eigenen Gedanken!

Wer ungewöhnliche Entscheidungen trifft, muss sich deshalb auf ein »könnte« einlassen. Es könnte so sein, dass es eine gute Entscheidung ist, nach Afrika zu gehen, wenn man Karriere machen will. Man könnte aber auch auf Unverständnis stoßen. Je selbstbewusster ein Mensch diesem begegnet, desto leichter wird ihm die Argumentation fallen.

Entscheidung in drei Phasen

Wenn Sie vor beruflichen Entscheidungen stehen, gliedern Sie diese am besten in drei Phasen. In der ersten Phase geht es darum, in alle möglichen Richtungen zu denken, ohne sich selbst zu beschränken. Dafür ist eine teils intensive Recherche mit viel Lesen und Gesprächen mehr als hilfreich. Fragen Sie sich zum Beispiel:

- Welchen Einfluss könnten sogenannte disruptive technische Entwicklungen auf eine Branche haben? Denken Sie an Bäckereien, die sich innerhalb von 10 Jahren zu Biotechnologiefachlaboren entwickelt haben.
- Welche Trends gibt es und wie beeinflussen uns diese mittelfristig? Denken Sie an den Trend zu Netzwerkorganisationen, also Firmenstrukturen, bei denen es keine Abteilungsgrenzen mehr gibt.[5]
- Welche Rolle spielt die Globalisierung und was verändert sich in Ihrer Branche da? Denken Sie an neue Möglichkeiten einer schlanken Produktion durch viel preiswertere Roboter und Industriemaschinen auch in kleinen Unternehmen und im Mittelstand.[6]

Manche Menschen bleiben in dieser Phase stecken und drehen sich im Kreis. Begrenzen Sie deshalb die Zeit für die Phase der Informationssammlung, um rechtzeitig in Phase 2 zu gelangen.

In Phase 2 geht es ums Sortieren. Misten Sie aus. Welche Optionen bleiben übrig (am besten nicht mehr als drei)? Wohin können diese führen? Sprechen Sie laut darüber. Das kann man gut in einer Übung mit verschiedenen Stühlen durchführen. Jeder Stuhl steht für eine Studien- oder Berufsentscheidung. Derjenige, der sich entscheiden soll, muss für sie argumentieren und gegen Fragen von außen, etwa von Freunden und Kollegen, verteidigen.

Ist diese Phase abgeschlossen, sollte etwas Ruhe einkehren und Ihr Kopf sich mit anderen Dingen beschäftigen – zwei, drei Wochen. Und dann kehren Sie zurück zur Entscheidungsfindung. In der dritten Phase fragen Sie sich: »Was denke ich jetzt über meine Entscheidung?« Erinnern Sie sich: Was war der erste Impuls, was meldete der Bauch zuallererst? Sagte er: »Ja, das ist spannend! Ich würde so gern!«

Oder: »Das wäre gut so. Alle machen das so?« Was meldete System 1, nachdem Sie mehr wussten? Etwas anderes? Oder dasselbe? Nichts mehr? Falls Letzteres zutrifft, spricht das für eine Verunsicherung und eine innere Unklarheit. Sie sollten sich dann die Frage stellen: »Was brauche ich, um mich entscheiden zu können?« Und sich noch mehr Zeit geben.

Gehirnfreundliche Entscheidungsfindung

Der von mir beschriebene Weg über die drei Phasen ist eine »gehirnfreundliche« Vorgehensweise, mit der fundierte Entscheidungen getroffen werden können. Oft beobachte ich, dass entweder nur die emotionale Seite beziehungsweise der »Scheinverstand« (System 1) oder nur die rationale Seite (System 2) betont werden. »Hör auf dein Bauchgefühl«, sagen die einen. »Überleg doch mal«, die anderen. Die optimale Reihenfolge ist aber: Bauch – Verstand – Bauch, also: System 1 – System 2 – System 1.

Wenn auch der Verstand befragt wird, fühlt sich eine Entscheidung auch nach Jahren noch besser und sicherer an. Meine Erfahrung ist: Man bereut Bauchentscheidungen oft (Wie konnte ich mich damals für X entscheiden?!), aber durchdachte so gut wie nie. Affekthandlungen, die manche für Bauchentscheidungen halten, sind dann ausgeschlossen. Und sollte sich die Entscheidung im Nachhinein als nicht optimal erweisen, zum Beispiel weil Afrika doch nicht das neue China wurde, werden Sie immer noch sagen können: »Nach allem, was ich damals wusste, war das der beste Weg.« Sie werden Ihre Entscheidung im Lebenslauf und im Vorstellungsgespräch viel besser vertreten können – und insgesamt zufriedener mit ihr sein.

Nur Mut! Wie Sie Unsicherheit lieben lernen

Trauen Sie sich was! Machen Sie nicht, was jeder macht, und laufen Sie nicht in den ausgetretenen Pfaden der anderen. Wenn es Sie kitzelt, reizt, lockt – gehen Sie diesen Dingen nach. Denken Sie an den roten Faden, der erst im Nachhinein sichtbar wird. Studieren Sie, was Sie interessiert, und setzen Sie nicht auf die sichere Bank, die nie sicher ist – und es übrigens auch nie war. Gerade berate ich mehrere Bankfachleute, die genau diesem Irrtum erlegen sind.

Einstellungen von anderen

Unterscheiden Sie die Vorstellungen, die Ihr Umfeld mit Beruf und Karriere verbindet, von Ihren eigenen. Wenn Freunde sagen: »Damit verbaust du dir deine Karriere« oder »Da verdienst du nicht genug«, ist das deren Perspektive und nicht Ihre. Oft wälzt Ihr Umfeld eigene Ängste vor der Zukunft und dem Neuen auf Sie ab. Die Familie argumentiert meist aus der Welt, aus der sie kommt: Juristen sehen die Welt durch die Brille der Kanzleien und Staatsanwaltschaften, Lehrer durch die der Schulen und Top-Manager durch die der Konzerne. Menschen, die auf ein zufriedenes Berufsleben zurückblicken, lächeln, wenn sie von ihrer Vergangenheit erzählen. Und diejenigen, die keinen guten Job hatten, schimpfen. Auch die regionale Prägung spielt ein Rolle: In einer fränkischen Kleinstadt bestimmen andere Werte das Denken und Handeln als in Berlin. Das alles hat Einfluss auf Sie.

Begreifen Sie die Einstellungen von anderen als gewachsene und durch das Umfeld geprägte Grundüberzeugungen, die nicht richtig oder falsch sind. Sie zu kennen, hilft, aber den Maßstab für Ihre Entscheidungen legt niemand anders an als Sie selbst.

»Was willst du denn *damit* machen?« Halten Sie die Fragen aus, wenn Sie sich für einen Studiengang oder einen beruflichen Weg entscheiden, der so gar nicht erfolgsrelevant scheint! Sind Sie so mutig wie Anna oder würden Sie vor lauter Heimweh und Angst blockiert sein in einer fremden Stadt? Würden Sie sagen: »Das schaffe ich schon« – oder eher nicht? Ja, das ist Ihr Selbstkonzept, das, was Sie für sich für möglich halten. Es begrenzt – und es ermöglicht. Ich kann beispielsweise nur Bücher schreiben, weil ich mir das zutraue. Und Sie werden auch etwas können, »nur« oder gerade weil Sie sich etwas zutrauen. Der Unterschied zwischen Menschen, die etwas schaffen, und anderen liegt in nichts anderem als in Durchhaltevermögen und Stehauf-Mentalität sowie der unbedingten Bereitschaft, an sich zu arbeiten – anstatt anderen und der Umwelt, dem Umfeld und den Bedingungen die Schuld zu geben. In der Psychologie nennt man Letzteres »lageorientiert«: Einige Menschen beklagen falsche Wege, Ungerechtigkeiten und die »böse Welt«. Und andere sehen sich selbst als Lebensgestalter, schauen vorwärts und machen das Beste aus allem.

Durchhaltever mögen und Stehauf-Mentalität

Mir fällt hier der Künstler Stefan Gwildis ein, ein heute bundesweit bekannter Sänger, der als Straßenmusiker angefangen hat und mehr als 20 Jahre für seinen Durchbruch brauchte. Die Komikerin und Sängerin Ina Müller würde heute noch in einer Apotheke arbeiten, wenn sie nicht für sich selbst etwas anderes gesehen und Gelegenheiten beim Schopf gepackt hätte. In der »normalen« Karrierewelt ist das nicht anders. Auch manche Wissenschaftler brauchen Jahre für den Durchbruch, viele Experten schaffen erst im Alter etwas »Neues« und einige Führungskräfte werden erst mit den Jahren richtig gut.

Es gibt keine objektive Realität, nur eine subjektive – nämlich Ihre. Bezogen auf das Arbeitsleben bedeutet das: Der eine erlebt es als richtig, in einem Konzern Karriere zu machen, weil es sein Bedürfnis danach erfüllt, einen klaren Rahmen, eine strukturierte Einarbeitung, Weiterbildung und Führung zu erhalten. Es ist auch die Persönlichkeit, die hier mit hineinspielt. Ein unsicherer Mensch würde nicht so leicht wie Anna verdauen, wenn etwas mal nicht rundläuft. Es könnte sein, dass er stän-

Es gibt nur eine subjektive Realität

dig über die verpasste Chance »Konzern« nachdenkt und das nicht einfach innerlich abhaken kann. Er würde zweifeln.

Für den anderen Typ ist es spannend, sich Wissen selbst zu erobern und etwas bewegen zu können. Für den einen ist das Leben eine Entdeckungsreise mit dem Ziel, mehr über andere und sich selbst zu lernen. Für den nächsten steht erst einmal der Aufbau von Knowhow im Vordergrund. Der eine will eine Arbeit, die mit dem Beruf des Partners harmoniert. Dem anderen ist das (zunächst) nicht wichtig. Das kann sich im Laufe des Lebens immer mal wieder ändern. Unterm Strich bleibt es aber so: Es gibt kein Richtig und kein Falsch, sondern nur ein: »Für mich ist diese Entscheidung jetzt, in der derzeitigen Phase und nach allem, was ich weiß, für den nächsten Schritt richtig.«

Mögliche Leitmotive in verschiedenen Lebensphasen

Spüren Sie in sich hinein und fragen Sie sich, was Sie sich für den nächsten Schritt am meisten wünschen. Ich gebe Ihnen ein paar Leitmotive vor, die ich nach Lebensphasen sortiere. Diese begegnen mir in der Beratung immer wieder. Ich habe die Lebensphasen bewusst nicht an Altersstufen gekoppelt, da ich bemerkt habe, dass sich diese zunehmend auflösen. So kann sich der Einstieg ins Berufsleben durchaus mit 45 noch einmal wiederholen – nach einer weiteren Ausbildung oder einem Aufbaustudium.

Reflektieren Sie Ihre aktuelle Situation

Reflektieren Sie Ihre aktuelle Situation. Stehen Sie vor einer Ausbildungsentscheidung, dem Berufseinstieg oder einem Jobwechsel? Was leitet Sie? Und was bedeutet das für eine berufliche Entscheidung, die Sie bald treffen wollen?

Leitmotive für die Ausbildungsentscheidung

Was sind Ihre bis zu drei wichtigsten Kriterien für den Einstieg ins Berufsleben? Besonders den jungen Menschen, die das Thema Berufswahl noch sehr verunsichert, möchte ich ein paar zusätzliche Tipps mit auf den Weg geben. Sie finden diese jeweils in Klammern hinter den einzelnen Motiven.

- Fundiertes Wissen in einem Fachbereich aufbauen. (Schauen Sie in Richtung Natur- oder Ingenieurwissenschaften.)
- Die eigenen Kompetenzen einbringen können, zum Beispiel mein sprachliches Talent. (Folgen Sie Ihren Interessen, aber berücksichtigen Sie, dass es beispielsweise gut wäre, ein Sprachstudium mit Wirtschaft aufzuwerten. Lernen Sie eher breiter als zu speziell, also lieber Marketing als Eventmarketing.)
- Eine gute Startbasis haben, die am Arbeitsmarkt in Zukunft etwas wert ist. (Das sind eher Naturwissenschaften, Informatik, Jura, Ingenieurwesen und auch neuere Fächer wie Medizintechnik.)
- Später viel Geld verdienen können. (Das könnten Naturwissenschaften sein, die wirtschaftsrelevant sind, also eher Nanotechnik als Biologie.)
- Später nicht so viel arbeiten müssen, sondern viel Freizeit haben. (Sehen Sie sich klassische Berufe an, etwa Sozialversicherungsfachangestellter, aber auch Informatik und Ingenieurwesen können hier passen.)

Leitmotive für den Berufseinstieg

Was sind Ihre bis zu drei wichtigsten Kriterien für den Einstieg ins Berufsleben?

- Die Arbeitswelt besser kennen lernen.
- Die eigenen Kompetenzen entdecken.
- Wissen und Know-how aufbauen.
- Mit anderen Menschen Spaß haben.
- Erste Erfolge sammeln.
- Etwas strukturiert lernen.
- Fremde Länder und Menschen kennen lernen.
- In meinem Umfeld bleiben.
- Anderes: …

Leitmotive für einen Jobwechsel

Was soll Ihnen der Jobwechsel wirklich bringen?

- Mehr Sinn und Wertschöpfung für die Gesellschaft erbringen dürfen.
- Mehr Flexibilität und Freiheit haben.
- Mehr Work-Life-Balance genießen.
- Mehr Kollegialität im Job und ein besseres Arbeitsklima.
- Interessantere Themen in der täglichen Arbeit.
- Neues lernen, was mich auch wirklich interessiert.
- Eine kompetentere Führung haben, jemand, von dem ich etwas lernen kann.
- Aufstieg und Weiterkommen.
- Mehr Geld verdienen.
- Anderer Ort, denn …
- Auslandserfahrung, um …
- Neue Branchenluft, weil …
- Anderes: …

Leitmotive auf den Punkt gebracht

Welche ganz persönlichen Kriterien stehen bei Ihrer aktuellen Berufsentscheidung im Vordergrund?

- Meinen Interessen nachgehen und meiner Neugier folgen.
- Eine Basis legen, die Zukunft hat.
- Eine Basis legen, auf der ich aufbauen kann.
- Eine Basis legen, mit der ich im Ausland arbeiten kann.
- Genügend Geld verdienen können, um gut zu leben.
- Die Arbeitswelt kennen lernen, um dann zu entscheiden: Wo passe ich hin?
- Etwas lernen, das ich auch in meiner Heimatregion ausüben kann.
- Anderes: …

Interview mit Dr. Nico Rose

Dr. Nico Rose hat eine sehr positive Resonanz in den sozialen Medien und kennt sich mit dem Thema Personal bestens aus. Ich nehme ihn als jemanden wahr, der auch mal um die Ecke denkt.

Erzählen Sie doch mal über sich!

Derzeit verantworte ich das konzernübergreifende Employer Branding der Bertelsmann-Gruppe. Außerdem gibt es eine Reihe von Nebenbeschäftigungen: Ich arbeite als freiberuflicher Coach, unterrichte regelmäßig an einer Business School, blogge, schreibe Fachartikel und hoffentlich bald auch mein zweites Buch. Zusätzlich habe ich gerade ein einjähriges Ergänzungsstudium in den USA abgeschlossen. Und dann bin ich noch

Ehemann, stolzer Papa eines kleinen Sohnes und fleißiger Besucher von Heavy-Metal-Konzerten.

Wie haben Sie selbst Karriere gemacht?

Der rote Faden in meinem Lebenslauf ist, dass es keinen gibt. Ich habe Psychologie studiert, bin im HR eines großen Konzerns eingestiegen, habe dann an einem Lehrstuhl für Controlling promoviert, nebenbei in einer auf CRM fokussierten Beratung gearbeitet und meine eigene Coaching-Firma gestartet. Jetzt bin ich wieder Personaler. Ich würde das nicht unbedingt zur Nachahmung empfehlen. Mein Lebenslauf zeigt aber auch, dass die Geradlinigkeit einer Karriere oft überbewertet wird.

Wie ticken Bewerber heute?

Die Menschen, mit denen ich in meinem Job bei Bertelsmann zu tun habe, sind sehr gut ausgebildet. Sie kommen von den besten Universitäten weltweit, haben zig Praktika absolviert oder kommen als Berufserfahrene von anderen Top-Arbeitgebern. Insofern sehe ich nur einen Ausschnitt des Markts. Hier gilt dann aber: Diese Menschen wissen sehr genau um ihren ›Marktwert‹ und treten entsprechend selbstbewusst auf. Sie stellen mitunter bereits im ersten Vorstellungsgespräch Fragen und Forderungen, die ich zehn Jahre zuvor nicht zu äußern gewagt hätte. Ich finde das gut so. Früher hatten die Unternehmen aufgrund des Überangebots an Jobs und ihres Informationsvorsprungs eine sehr starke Machtposition. Das hat sich zumindest für die zuvor genannte Zielgruppe gewandelt.

Was hat sich gegenüber früher verändert?

Es herrscht heute mehr Augenhöhe zwischen Unternehmen und ihren Bewerbern. Früher wusste ein Unternehmen fast alles über den Bewerber, denn man musste ja sein bisheriges Leben offenlegen. Der Bewerber wusste aber recht wenig über das Unternehmen. Man musste sich als Bewerber auf Hochglanzbroschüren der Firmen verlassen oder auf das, was man in den allgemeinen Nachrichten oder von Bekannten erfahren konnte. Heute kann der Bewerber ein Unternehmen in kurzer Zeit regelrecht durchleuchten. Es gibt unzählige Nachrichtenquellen, Informationsplattformen – und auf XING oder LinkedIn kann man seine potenziellen Kollegen einfach ansprechen und um Erfahrungen aus erster Hand bitten. Das macht es schwerer für die Unternehmen, ein positives Image zu bewahren. Ich halte das jedoch für eine begrüßenswerte Entwicklung.

Was bieten Unternehmen heute mehr als früher?

Die Verschiebung der Machtverhältnisse hat dazu geführt, dass die meisten Unternehmen ihren Mitarbeitern viel mehr und flexiblere Angebote machen, als das noch vor 20 oder gar 50 Jahren üblich war. Viele Firmen haben verstanden, dass Menschen heute großen Wert auf eine gelungene Work-Life-Integration legen. Gleitzeit- und Teilzeit-Lösungen, Betriebskindergärten, Home-Office, Sabbaticals und kostenlose Gesundheitscheckups und Sportprogramme – all das findet man heute immer flächendeckender. Natürlich geht aber immer noch mehr. Wer als Unternehmen »die Besten« an Bord holen will, muss hier auf Zack sein.

Wo hakt es noch?

Ich glaube, dass viele Unternehmen noch zu sehr in althergebrachten hierarchischen Führungsstrukturen und den zugehörigen »Incentivierungsstrukturen« verharren. Vieles davon passt nicht mehr in die heutige Zeit, vor allem nicht zu den Erwartungen der jüngsten Generation von Arbeitnehmern. Das Konzept dessen, was »Arbeit« bedeutet, wird sich in den nächsten 20 Jahren radikal ändern, zumindest in westlichen Dienstleistungsgesellschaften – die Zeichen sind bereits jetzt deutlich sichtbar. Die Führungs- und Personalmanagementmethoden hängen dagegen vielerorts noch in den achtziger Jahren des vorigen Jahrhunderts fest.

Wie erkennen Bewerber die Firma, die zu ihnen passt?

Das kann ich nur für mich persönlich beantworten. Ich habe mit der Zeit gelernt, auf mein Bauchgefühl zu hören. Die Fragen lauten nicht mehr

»Wie gut ist das Unternehmen?« oder »Wie passt dieser Job in meinen Karriereplan?« – sondern: »Wie gut geht es mir, während ich im Vorstellungsgespräch sitze und mit meinen potenziellen Kollegen interagiere?« Früher habe ich intellektuell abgewogen, Plus-Minus-Listen geschrieben. Das hat nicht funktioniert. Heute schreibe ich immer noch Plus-Minus-Listen. Die dienen aber in erster Linie dazu, meine Intuition zu füttern, nicht eine Entscheidung zu treffen. Ansonsten: Man darf vor allem in jungen Jahren auch mal Fehler machen. Ich habe meinen allerersten Arbeitgeber nach 1,5 Jahren wieder verlassen. Hat nicht gepasst. Trotzdem war es eine Zeit wertvoller Erfahrungen.

STRATEGIE 4:
OPTIMIEREN SIE IHRE AKTIEN AN DER KARRIEREBÖRSE

Jeder ist heute für seine Karriere selbst verantwortlich. Dabei sind Karriereoptionen vielfältiger geworden und Wege komplexer. Gleichzeitig steigen die Chancen, jederzeit und immer wieder neu zu denken und sich zu verändern. Bei der Karriereplanung hilft es, in Drei-Jahres-Schritten zu denken – und »quadratisch« vorzugehen.

Die Drei-Jahres-Schritte in der Arbeitswelt

Vor Jahren schrieb mir ein junger Karrierist über XING: »Ich will so richtig Karriere machen, ganz nach oben!« Soweit ich sehe, arbeitet er jetzt als Sachbearbeiter. Aus der Fernsicht würde ich sagen: Er ist zu verbissen an die Sache herangegangen, hatte keine zeitgemäße Motivation. Er hat sich zu sehr an alte Spielregeln gehalten, zu wenig geboten und zu viel gewollt.

Anna sagt weder »Ich werde Vorstand« noch »Ich will in fünf Jahren ins Mittelmanagement«. Sie formuliert ihr Ziel so: »Ich möchte möglichst viele verschiedene Seiten der Wirtschaftswelt kennen lernen. Solange bis ich für mich einschätzen kann, was ich gut kann.« Das ist nicht eben die Karriereplanung, die sich viele vorstellen – aber eine Vorgehensweise, die in die heutige Zeit viel besser passt.

Anna ging nach Afrika, obwohl sie nicht genau wusste, wohin sie das führen würde. Sie hatte keine große Vision, kein »Ende« im Blick, sondern ihr Leben für die nächsten überschaubaren drei Jahre. Für drei Jahre kann man sich Dinge vornehmen: Ein Fernstudium und den ersten Schritt danach, eine berufliche Umorientierung, eine Ausbildung, eine Weiterentwicklung im Unternehmen oder Ähnliches.

Drei Jahre sind überschaubar

Drei Jahre sind lang genug, um neue Akzente zu setzen, und kurz genug, um flexibel zu bleiben. Und sehr viel mehr lässt sich auch gar nicht überschauen. Das sehen immer mehr Experten so. »Bestimmte Zeiträume, sieben bis zehn Jahre, lassen sich eventuell noch überschauen, aber eine Karriere ingenieursmäßig durchzuplanen, das geht eigentlich nicht«, sagt Thomas Sattelberger in einem Interview mit der *Berliner Morgenpost*.[1]

Fleiß führt nicht mehr automatisch zu einer Beförderung, ein MBA bereitet nicht notwendigerweise den nächsten Karriereschritt vor, nicht jeder Ex-McKinseyaner landet heute noch im Top-Management und nicht aus jedem Senior wird nach dem Wechsel in einen Konzern ein Marketingleiter. Immer noch wird Erfolg davon bestimmt, was Sie selbst wollen und anstreben. Davon, wie viel positive Energie Sie einbringen und wie sehr Sie an sich glauben. Immer noch ist es wichtig, sich Ziele zu setzen. Nur sehen diese heute anders aus und sind auf kürzere Zeiträume bezogen. Außerdem müssen sie flexibler sein. Es kann sein, dass Sie einen Plan B brauchen, wenn A nicht klappt. Vielleicht auch einen Plan C.

Seien Sie flexibel!

Fünf Jahre sind das Maximum dessen, was man seriös überschauen kann – und ab Jahr drei wird die Sicht auch schon deutlich trüber. Ein Jahr dauert es, bis man irgendwo angekommen ist, zwei Jahre, bis man etabliert ist. Anderthalb bis zwei Jahre muss man für ein Masterstudium einrechnen, drei Jahre für einen Bachelor. In drei Jahren formen sich neue Trends: Drei Jahre hat es etwa gedauert, bis sich Social Media in der Breite durchsetzte. Ich habe meinen XING-Account 2004 angemeldet. 2007 wurde XING zum Thema für breitere Schichten.

Wenn Sie sich heute für ein Wirtschaftspsychologie-Studium entscheiden, weil Sie der Meinung sind, dass Personalabteilungen der Zukunft noch mehr auf wissenschaftliche Tests und Auswahlverfahren setzen, so kann es sein, dass Sie Recht behalten. Wenn Sie es klug angehen, haben Sie in Ihrem ersten Dreijahreszeitraum solides Wissen aufgebaut und erste Erfahrungen gesammelt. Sie können sich aber auch irren und herausfinden, dass Ihre These falsch war. Oder etwas Neues entdecken und eine Kursänderung vornehmen. Dann gehen Sie die nächsten drei Jahre an – und entscheiden sich, Ihr Wissen entweder zu vertiefen oder in die Breite aufzufächern. Für beide Strategien gibt es Gründe. So ist einerseits immer öfter Tiefenwissen gefragt und andererseits auch verknüpftes, also interdisziplinäres Wissen.

Tiefenwissen und interdisziplinäres Wissen

Warum Sie kurzfristig planen sollten

Schauen wir uns die Gründe für meinen Ansatz zur Planung in Drei-Jahres-Schritten mal genauer an. Zunächst: Branchen wandeln sich immer schneller – und überraschender. Wer hätte je die massiven Probleme der Beerdigungsindustrie erahnt? Sicherer Job? Da habe ich mich genauso geirrt wie viele andere. Die Menschen wollen nicht mehr unter die Erde, ihnen reicht immer öfter die Urne, der Friedwald oder die hohe See. Wer also, auf Sicherheit bedacht, in dieser Branche gestartet ist, wacht gerade auf – von der Chance geküsst oder der Herausforderung wachgerüttelt.

Die noch junge Branche Telekommunikation steckt jetzt schon in der Krise, seitdem alle Märkte erobert sind. Nokia, einst Weltmarktführer, hat seine Handysparte für ein Taschengeld verscherbelt. Das Gesundheitswesen wird mehr und mehr von der Medizintechnik durchdrungen, was auch zu Veränderungen führt, die nur sehr bedingt vorherzusehen sind.

Eine Studie von McKinsey zeigt, was bis 2025 auf neue Entwicklungen am stärksten einwirken wird. »Automation of knowledge work« erscheint bereits an zweiter Stelle nach dem mobilen Internet. (Quelle: McKinsey[2]) Kann es also sein, dass es bald Operationsroboter gibt, die dem Chirurgen attestieren oder ihn ersezen?

Operationsroboter statt Chirurg?

15 bis 25 Prozent der Aufgaben in Produktion, Verpackung, Bau, Wartung und Landschaft könnten von Robotern der nächsten Generation übernommen werden. Sogenannte Cyber Physical Systems (CPS) führen IT und Maschinen zusammen und steuern sie intelligent. Vielleicht haben Sie unter dem Stichwort »Industrie 4.0« schon davon gehört. Diese neue Fusion aus Maschine und Software wird die bisherige Arbeit in den Produktionshallen so weit verändern, dass vielleicht nicht mal mehr ein Knopfdruck nötig ist, um sie zu bedienen. Sprache oder, was auch nicht mehr so fern ist, Gedanken könnten die Maschinen steuern. Die Gehirnforschung ist in dem Bereich schon sehr weit: Längst ist klar, welche Areale im Gehirn aktiviert werden

Industrie 4.0

müssen, um Handlungen auszulösen. Die Arbeit verändert sich damit radikal. Der Mensch stellt weniger selbst her, er steuert und überwacht viel mehr. Mensch und Maschine verschmelzen. Dafür brauchen Mitarbeiter immer mehr und vor allem auch wechselndes und modular aufbauendes technisches Wissen.

Trend: Physiolytics

Überall wird Technik eine Rolle spielen. Ein Trend, der noch in den Kinderschuhen steckt, ist Physiolytics. Damit können Arbeiter komplett vermessen werden, die Zahl ihrer Schritte gezählt, ihre Aufenthaltsorte nachvollzogen und ihre Interaktionen gezählt und auch gelenkt werden. In einen Handgelenkcomputer können Daten vor Ort eingegeben werden.

Einen guten Einblick in die Zukunft der Arbeit vermittelt die gleichnamige Studie des Fraunhofer-Instituts für Arbeitsmarktforschung (IAO).[3] Das Institut hat ermittelt, dass der Bedarf an hoch qualifizierten Mitarbeitern von jetzt 10 Milliarden auf 13 Milliarden im Jahr 2030 steigen wird. Mit hoch qualifiziert beschreibt das IAO eine Ebene ab Facharbeiterniveau, wobei davon auszugehen ist, dass in vielen Disziplinen Akademiker mit Bachelor und betrieblich ausgebildete Facharbeiter auf ähnlichem Niveau tätig sein werden. Weiterhin ist davon auszugehen, dass Organisations- und Kommunikationsaufgaben erheblich zunehmen werden, während die »hands-on«-Arbeit abnehmen wird.

Soft Skills gewinnen an Bedeutung

Die Professionalisierung unseres Umgangs miteinander wird also eine große Rolle spielen. Die sogenannten »Soft Skills« gewinnen an Wert. Der rüpelhafte Chef in der Produktionshalle, der seine Direktheit als »authentisch« klassifiziert, dürfte es in Zukunft schwer haben. Der goldbeknopfte hanseatische Vorgesetzte, der Arbeit top-down verteilt, wird sich noch öfter wundern. Alle werden sich entwickeln müssen – auch weil ein wesentlicher Teil ihrer Arbeit eben nicht mehr »hands-on« ist und immer besser qualifiziertere Mitarbeiter Verantwortung und keine Befehle wollen. Dieser Trend ist bereits jetzt überall abzusehen. Personaler versuchen dem ein sogenanntes »Job Enrichment« entgegenzusetzen. Das bedeutet, dass die

Arbeit entsprechend den persönlichen Möglichkeiten und Präferenzen angereichert wird – mit neuen Aufgaben und Herausforderungen.[4] Fragen Sie danach, wenn Sie sich in einem Unternehmen bewerben.

Auch methodische Kenntnisse werden wichtiger werden, etwa im Projektmanagement. Auch solche baut man etwa in einem Drei-Jahres-Zeitraum solide auf. Dabei geht es um das »How to« und die »Best Practice«. Früher konnten Menschen ihre Aufgaben »irgendwie« erledigen, jetzt gibt es überall Methoden, die Namen haben wie »Kanban« oder »Scrum«. Das beschneidet einerseits die Freiheit und gibt sie andererseits zurück: Es wird möglich, sich mit neuen Produkten und Projekten auch abteilungsübergreifend zu beschäftigen. Wenn Firmen das gut machen, ist der Mitarbeiter kein Rad im Getriebe, sondern bekommt tiefere Einblicke in das gesamte Unternehmen und damit auch ein stärkeres Gefühl, selbst mitwirken und gestalten zu können.

Methodische Kenntnisse werden wichtiger

Dies alles passiert vor dem Hintergrund, dass mehr und mehr Lebensphasen unsere Karriereambitionen steuern. Ich merke jetzt schon, dass es immer mehr Menschen gibt, die nach einigen lehr- und arbeitsreichen Jahren »leichtere« Jobs anstreben, die besser mit der Familie kombinierbar sind. Zeiten, in denen Frau und Mann aufgrund der Familie kürzertreten, werden zunehmend mit Weiterbildung kombiniert sein. Auch sie dauern rund drei Jahre: Drei Jahre etwa braucht ein Kind, bis es aus dem Gröbsten raus ist. Drei Jahre kann man in dieser Zeit seinem Lebenslauf einen neuen Dreh geben, etwa durch eine parallele Weiterbildung.

Das alles funktioniert nicht unter der Annahme, dass Lebensläufe linear aufgebaut sein müssen und Karriere über mehrere Jahrzehnte durchgeplant werden kann. Normal wird der Lebenslauf, aus dem sich der rote Faden erst rückblickend ergibt, der aber nichtsdestotrotz ganz bewusst geformt und geplant ist.

Was die Drei-Jahres-Schritte für Sie bedeuten

Nur noch rund 20 Prozent aller Stelleninserate beschreiben Berufe wie Buchhalter und Polizeipsychologe, in 80 Prozent geht es um Tätigkeiten, die ein Spezialwissen oder besondere Erfahrung etwa in der Mitarbeiterführung oder im Projektmanagement erfordern. Immer seltener wird beispielsweise ein »Psychologe« gesucht, sondern meist ein »Experte für…«, ein »Spezialist« oder ein »Projektmanager«. Wird beispielsweise ein Experte für interaktive Lernmedien gesucht, so kann dieser Psychologe, Pädagoge oder auch Informatiker sein. Es wird nämlich weniger wichtig, in welcher Disziplin die erste Ausbildung stattfand, da sich überall Schnittmengen bilden. Bei der Planung von Lerninhalten sind es die Schnittmengen zwischen Informatik, Didaktik, Design und Fachinhalten.

Stellen Sie sich vor, jemand kombiniert den Beruf der Heilerziehungspflegerin mit dem der Architektin und Sozialarbeiterin – und gewinnt immer neue Erfahrungen dazu, die aufeinander aufbauen. Es kann daraus beispielsweise eine Expertise für behindertengerechtes Bauen entstehen. Da sich gerade Weiterbildungsmaster[5] problemlos im Fernstudium mit wenigen Präsenzeinheiten absolvieren lassen, sind diese Weiterentwicklungen von beruflichen Profilen immer leichter auch neben dem Job möglich. Allerdings sollte es dabei mehr staatliche Unterstützung und Beratung geben.

Drei Jahre dauert es, bis Sie ein gutes Basiswissen erworben haben. Um Experte in einem Themengebiet zu werden, brauchen Sie allerdings mehr Zeit: Ein Anhaltspunkt ist die sogenannte 10000-Stunden-Regel des Neurologen Daniel Levitin.[6] So viele Stunden üben richtig gute Musiker, die es weit bringen, fand eine Studie heraus. Ich habe das einmal umgerechnet: Sie müssten fünf Jahre lang an 365 Tagen jeweils 5,4 Stunden geübt haben, um auf 10000 Stunden zu kommen. Geben wir etwas Freizeit dazu, landen wir bei Acht-Stunden-Tagen. Es hat wohl seinen Grund, dass viele Arbeitgeber für Senior-Positionen fünf bis sechs Jahre Erfahrung erwarten und nach etwa zwei bis drei Jahren von erster fundierter Berufserfahrung gesprochen werden kann.

Experten in 10000 Stunden

Nach einem Berufseinstieg braucht man rund drei Jahre zum Aufbau von Basiswissen und weitere rund drei Jahre, um Experte zu werden. In weiteren drei Jahren nimmt man – falls gewünscht oder vom Markt gefordert – einen Richtungswechsel vor. Wiederum drei Jahre braucht man, um sich hier zu etablieren und um die Fäden der vielfältigen Erfahrung zu etwas Neuem zu verknüpfen.

Planen Sie, wie es Ihnen gerade jetzt möglich ist. Wenn Sie für sich sagen können, dass Sie in drei Jahren einen Laden für Anglerbedarf an der Nordsee eröffnen werden – Glückwunsch! Wenn nicht, stressen Sie sich nicht. Sehen Sie immer den nächsten Schritt und fragen Sie sich, was dieser für die nächsten drei Jahre bedeutet.

Was wollen Sie in drei Jahren geschafft haben? Erinnern Sie sich an Anna. Es muss keine bestimmte Position sein (und kann es oft auch gar nicht), sondern darf ruhig etwas unspezifischer formuliert sein. Einige Beispiele:

- Ich möchte mir im Bereich XY so viel Wissen aufbauen, dass ich zu den besten 10 Prozent gehöre.
- Ich möchte mit anderen etwas aufbauen und möglichst viel über Zusammenarbeit lernen.
- Ich möchte erst mal im operativen Vertrieb Erfahrungen sammeln, um zu wissen, wie man direkt am Kunden arbeitet.
- Ich möchte einen Branchenwechsel vorbereiten, um von A nach B zu kommen.
- Ich möchte einen Berufseinstieg im Bereich Interaktive Medien geschafft haben.
- Ich möchte eine Stabsstelle in zweiter Reihe haben, wo ich unterschiedliche Unternehmensbereiche überblicken kann.

Sie können das auch auf Wissen und Know-how beziehen: Gibt es ein Thema, in dem Sie sich fitmachen wollen? Wenn nicht, welches könnte es sein? Kalkulieren Sie für gutes Basiswissen drei Jahre und für echte Expertise das Doppelte.

Basiswissen in drei Jahren

Denken Sie ruhig auch in Richtung weicher Kompetenzen: Entgegen anderer Behauptungen wird eine gute Führungskraft nicht geboren, sondern entwickelt ihre Kompetenzen. 16 Kompetenzen sind führungsrelevant[7] – und ganz bestimmt ist eine dabei, an der Sie noch arbeiten können.

Fällt Ihnen spontan etwas ein? Schreiben Sie es auf. Und wenn nicht: Nehmen Sie den Gedanken in die nächsten Kapitel mit und kehren Sie wieder zurück. Lassen Sie sich dabei von Inhalten leiten und nicht so sehr von Positionen oder davon, wie etwas heißt. Im Zweifel ist es besser, als Drei-Jahres-Ziel für sich zu formulieren, »Ich möchte zu den besten 10 Prozent in meinem Fach gehören« als »Ich möchte … werden«. So hat es auch Tim in unserem nächsten Beispiel gemacht.

Die hohe Kunst, seinen Karrierekurs nach oben zu treiben

Nie lässt er seine Kaffeetasse einfach stehen. Er bringt sie mir immer in die Küche. »Lassen Sie ruhig«, sage ich. Ist doch mein Job! Er hilft gern. Tim ist ein großer dunkelhaariger Mann mit warmen braunen Augen, der viel Ruhe ausstrahlt. Seine Frau und er sind Informatiker. Für beide ist es selbstverständlich, dass sie arbeiten. Die gemeinsame Tochter ist vier Jahre alt und geht in eine Kita. Tim gehört zu den glücklichen Menschen mit einer Vier-Tage-Woche. Freitags ist frei. Und auch in der Woche arbeitet er meistens nur sechs bis acht Stunden. Dabei kann er kommen und gehen, wann er will. Er verdient keine Reichtümer, aber so gut, dass irgendwann auch mal eine längere Pause möglich sein wird. Die Welt bereisen, ganz was anderes machen, mit genügend Geld ist all das einfach.

Aber dann gänzlich auf der faulen Haut liegen? Ein unwahrscheinliches Szenario. Zu viel Spaß macht Tim das Sich-selbst-optimieren. Tim kommuniziert gern und liebt es, Wissen weiterzugeben. Dabei hat er einen hohen Anspruch an sich selbst: Er behauptet nicht nur, etwas zu können, sondern er kann es.

Tim hat keine distanzierte Einzelkämpfernatur, wie man sie früher Informatikern zuschrieb. Er ist auch kein Nerd, den niemand versteht, weil sie in einer abgefahrenen Internetwelt leben. Tim ist Business-kompatibel, ohne ein ITler vom alten Schlag zu sein, der sein Wissen als Hoheitswissen vor fremdem Zugriff abschließt. Er teilt sein Wissen gern und hortet es nicht. Teamarbeit ist er gewohnt, aber mehr im interdisziplinären Sinn: Mehrere Experten arbeiten zusammen, und jeder bringt sein Fachwissen ein.

Interdisziplinäre Teamarbeit

Es ist immer das Wissen von vielen Beteiligten, das den Erfolg von

Projekten ausmacht. Das ist ganz anders, als es noch in den 1990er Jahren gewesen ist und selbst noch in der ersten Hälfte der 2000er Jahre. Wichtig ist Tim, dass er in Teams arbeitet, in die er seine Expertise einbringen kann. Dass die anderen das genauso tun, ist für ihn selbstverständlich. Wenig Verständnis hat er, wenn jemand keine Qualität liefern will. Das kommt vor, denn überall gibt es Menschen, die sich auf ihrem Wissen ausruhen und Team so verstehen: »**T**oll **e**in **a**nderer **m**acht's«. Man nennt sie »lazy Coworker«, dazu habe ich gemeinsam mit meinem Kollegen Thorsten Visbal ein Buch geschrieben.[8]

Nach dem Informatikstudium ist Tim zu einem guten Entwickler und Systemarchitekten geworden. Entwickler sind Menschen, die Software programmieren, Systemarchitekten designen und planen das Gerüst dafür. Stabile Software braucht beide Funktionen, bei größeren Projekten oft auch in Form von zwei verschiedenen Personen oder Teams, bei kleineren fließen beide Aufgaben in einer Hand zusammen.

Tim ist jemand, der weiterkommen will. Er hat einen starken inneren Antrieb. Deshalb verfeinert er seine Kenntnisse im Selbststudium. Um besser zu werden, schaut er sich viel von anderen ab. Er sucht sich Vorbilder. Diese findet er da, wo der Vorsprung nicht unendlich groß ist, sondern etwa drei Jahre an Erfahrung und Wissen beträgt. Solche Vorbilder achtet er hoch; er beneidet sie nicht, sondern nutzt sie als Benchmark für sich selbst. Menschen wie Tim achten andere, die Kompetenz haben, deshalb sind sie wunderbar für das zeitgemäße interdisziplinäre Arbeiten gemacht. »Voilà, hier weiß jemand mehr als ich. Wunderbar, seine Meinung ist mir wichtig«, so etwa lautet das Denken dahinter.

Vorbilder mit Drei-Jahres-Abstand

So gut ausgebildet und oft nachgefragt, wie er ist, könnte Tim sich auf seinen derzeitigen Qualifikationen ausruhen. Doch das will er nicht. Er weiß, dass er immer noch ein Stück weiter gehen kann. So könnte sein Selbstmarketing besser sein. Er könnte das, was er kann, besser darstellen. Daran will er arbeiten. Außerdem möchte er über seine Themen schreiben. Das liegt ihm: Er hat eine schöne, klare und genaue Sprache.

Unser gemeinsames Thema, der Grund, aus dem er meine Beratung wünscht, ist die Weiterentwicklung und das Selbstmarketing. Er möchte sein Profil schärfen, nicht nur mit Worten, sondern auch mit Taten. Er weiß ganz genau, dass er nur so seinen hohen Wert erhalten und Schritt für Schritt erhöhen kann. Dieser Wert zeigt sich immer mehr direkt im Gehalt. War es früher so, dass sich Gehälter nach einem Jobwechsel fast automatisch erhöhten, ist es heute ganz anders. Die Gewerkschaften kämpfen auf relativ verlorenem Posten gegen die Tendenz, dass Alter nicht mehr automatisch einen Gehaltsvorsprung bedeutet, sondern – oft hochspezielles – Wissen. Und dass dieses Wissen nicht mehr nur Erfahrungswissen ist, sondern auch gerade aktuell gefragtes Wissen. Das kann heute das und morgen jenes sein.

Tim kommt mit Fragen wie: In welche Richtung soll ich gehen? Wie wird sich der Markt entwickeln? Welches Wissen sollte ich dann haben?

Zunächst entscheidet er sich für eine schwierige Zertifizierung als Systemarchitekt. Dafür büffelt er auch abends und am Wochenende. Die Prüfung legt er gemeinsam mit seiner Frau ab. Wer wird mehr Punkte erzielen? Der Lernwettbewerb macht Spaß. Neue Themen erarbeitet er sich neben dem Job, aus einer Mischung aus Freude am Lernen und dem Wunsch, »wertvoll« für den Markt zu werden. Er macht das nicht aus purer Begeisterung, sondern mit System. Sein Ziel ist es, sich eine gute Stellung als Experte zu erarbeiten. Je höher sein Marktwert, desto freier wird er in seinen Berufsentscheidungen sein. Das bringt ihm die Unabhängigkeit, weiterhin nur vier Tage in der Woche zu arbeiten.

Menschen wie Tim sind Karriere-Selbstoptimierer. Sie machen das Beste aus sich, richten sich dabei aber am »Markt« aus. Das ist eine sehr unternehmerische Haltung zur eigenen Karriere. Deshalb könnte man solche Menschen auch als Intrapreneure bezeichnen: Angestellte, die unternehmerisch denken und handeln – und zwar im Sinne der Firma, weil sie dafür bezahlt werden, und im eigenen, weil sie Selbstverantwortung übernehmen.

Karriere-Selbstoptimierer

Damit gehört Tim zu einer Minderheit in Deutschland, Österreich und der Schweiz, die sich aus eigenem Antrieb gezielt weiterbildet und die fachliche und persönliche Weiterentwicklung selbst in die Hand nimmt. Anders als in den skandinavischen Ländern, wo jeder zweite in den letzten 12 Monaten seine beruflichen Fähigkeiten und Kenntnisse optimiert hat, sind in Deutschland nur 30 Prozent mit Weiterbildungen aktiv gewesen. Damit liegen wir hinter Österreich und der Schweiz und sogar hinter der Slowakei.[9]

Nur 30 Prozent haben sich weitergebildet

Doch Menschen wie Tim werden alltäglicher werden. Menschen, die sich vergleichen, sich kurzfristige Ziele setzen – maximal drei Jahre – und deren Erreichen überprüfen. Ich merke das an der Art der Anfragen, die ich für Beratungen bekomme. Es sind immer mehr Kunden darunter, die regelmäßige Weiterbildung als ihren »Job« ansehen. Sie wollen Ziele erreichen, den eigenen Wert steigern – und haben Spaß dabei. Sie wissen, dass Arbeitgeber gewöhnlich nicht daran interessiert sind, dass ihre Angestellten ein starkes Profil ausbilden und sich hohe Ziele stecken – denn damit sind sie ja auch am Markt stärker gefragt und können leichter abgeworben werden. Deshalb muss man selbst tätig werden.

Tim will nicht sein Leben lang zweimal die Woche fünf Kilometer laufen, sondern irgendwann einmal den Marathon. Er sieht das so: Für den Marathon braucht er einen Trainingsplan, genau wie für die Karriere auch. Und ein Unternehmen, das ihm Training ermöglicht. Das kann auch nicht mehr jedes sein, sondern muss eines sein, dass auf der Höhe der Zeit ist. Durch die immer bessere und akademischere Ausbildung steigt der Anspruch der ambitionierten Selbstoptimierer, ihr Wissen im Job anwenden zu können.

Till *»Meine Lernkurve fällt«, klagt der 30-jährige Till. Sobald er ein Thema durchdrungen hat, wird es ihm langweilig. Er hat einen Realschulabschluss, aber das Abendgymnasium locker neben dem Vollzeitjob geschafft – und gleich danach einen Bachelor und Master berufsbegleitend. Zufällig war er in ein Umfeld geraten, in dem er das neu Gelernte sofort anwenden konnte:*

Sein Unternehmen wuchs während seines Studiums von 10 auf 100 Mitarbeiter, und er konnte sich ausprobieren, ein Thema nach dem anderen. Doch irgendwann ist die Luft raus. Dann wird gewechselt.

Kann man sich überhaupt so entwickeln und in dieser Art selbst trainieren, fragen Sie sich vielleicht. Als ich in den 1980er Jahren in der Oberstufe »Erziehungswissenschaften« belegte, lernte ich noch, dass jeder eben ist, wie er ist, und nicht besonders viel hinzulernen könne. Mit 50 Jahren spätestens sollte Schluss sein, dann entwickelten sich im Gehirn kaum noch neue Verbindungen. Inzwischen hat sich die Erkenntnis durchgesetzt, dass Menschen in jedem Alter lernen können und sich immer neue Nervenzellen und Verbindungen im Gehirn bilden. Diese sind wie Straßen: Je öfter man sie befährt, desto vertrauter wird die Umgebung – die Kompetenz steigt.

Lernen vergrößert einzelne Hirnareale

Das bedeutet: Jeder von uns kann zu jeder Zeit neue Kompetenzen erlernen. Zwar sind Persönlichkeit[10] und Intelligenz bis zu einem gewissen Grad erblich, aber viel weniger als Ihnen die Medien weismachen wollen oder Sie vielleicht früher gelernt haben. »Du bist, wie du bist«, ist eine weit verbreitete Haltung. Daraus und manchmal aus höchst fragwürdigen esoterischen Theorien leitet sich zum Beispiel auch der Unsinn ab, dass jeder eine Bestimmung habe, die ihm in die Wiege gelegt wurde. Es gibt Anlagen, aber man kann viel oder wenig aus ihnen machen. Auf jeden Fall lassen sich Kompetenzen trainieren und Stärken stärken. Man kann auch schlauer werden – einfach indem man seine Anlagen ausschöpft und entwickelt.

Seit Jahren werden Zahlen falsch zitiert und interpretiert, etwa über einen angeblich erblichen Anteil von 80 Prozent bei der Intelligenz, welchen der Persönlichkeitspsychologe Jens Asendorpf als »Fähigkeit zur höheren Bildung« definiert. Diese Zahl ist falsch und irreführend, es sind vielleicht 50 Prozent.[11]

Bisher ging man davon aus, dass die Persönlichkeit – dazu gehört die Intelligenz – weitgehend stabil bleibt, also dass ein sehr intelligenter 24-Jähriger auch ein reger 90-Jähriger sein wird. Oder jemand, der mit 20 etwas schwer von Begriff ist, auch mit 90 nicht der Hellste sein wird. Studien, die bisher durchgeführt worden sind, berufen sich auf Probanden, die in den 1930er Jahren geboren sind und dann immer wieder getestet wurden. Aber diese Probanden sind das lebenslange Lernen nicht gewohnt gewesen. Es könnte also durchaus sein, dass irgendwann einmal der Beleg erbracht werden kann, dass sich Intelligenz bis ins hohe Alter sehr wohl steigern lässt.

Behalten Sie Ihre Wertsteigerung im Blick

Selbstoptimierer haben die eigene Wertsteigerung im Blick. Sie wissen: Gelingt es mir in jungen bis mittleren Jahren, ein Profil aufzubauen, das für genügend Arbeitgeber attraktiv ist, dann kann ich in der zweiten Lebenshälfte etwas anders machen, sei es ein Unternehmen gründen, als Berater arbeiten oder einen Bauernhof bewirtschaften. Sie planen oft also schon früh einen Berufsausstieg oder -umstieg und denken oft gar nicht daran, bis zur Rente im selben Job zu arbeiten. Sie erwarten weder Jobgarantie noch Jobparadies, sie machen das Beste aus dem, was da ist – und steigern dabei ganz bewusst den eigenen Wert. Wohl wissend, dass auch Menschen einen »Produktlebenszyklus« haben, der wie eine Kurve verläuft.

Bauen Sie Ihre Karriere anhand eines Lebenszyklus auf

Der Produktlebenszyklus im Marketing geht so: Erst wird ein neues Produkt aufgebaut, dann kommt die Abschöpfungsperiode, danach die Sättigung, schließlich kommt der Relaunch oder das Produkt wird vom Markt genommen. Ein Produkt wird eingeführt, bewährt sich, fährt hohe Gewinne ein. Dann wird auch der Wettbewerb aktiv, die Gewinne sinken, irgendwann läuft das Produkt aus, wenn es nicht gelingt, es immer wieder neu zu erfinden – wie etwa bei Nivea.

Marketing: Produktlebenszyklus

Einen solchen Lebenszyklus mit typischem Auf und Ab gibt es auch für die Karriere. Das wird immer unmittelbarer spürbar, je schneller sich die Arbeitswelt dreht. Es ist ein Fachkraft- und Expertenwissen-Lebenszyklus:

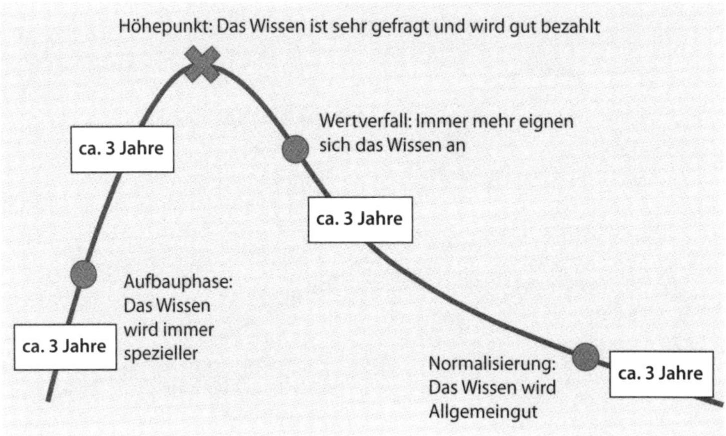

Abbildung: Expertenwissen-Lebenszyklus

Die Abbildung auf der vorherigen Seite zeigt einen typischen Aufbau. Die erste Phase bis zum Höhepunkt dauert etwa 3 Jahre. Je nach Branche sind aber auch kürzere oder längere Zyklen denkbar. Wie lange man dann von seinem Wissen profitieren kann, hängt vom Markt und seinen Veränderungen ab. Sogenannte »disruptive« Veränderungen können sehr schnell dafür sorgen, dass etwas wieder »out« ist – schneller als der typische Zyklus von drei Jahren. Die Programmiersprache »Flash« ist ein Beispiel dafür. Eine Zeitlang waren Flash-Entwickler sehr gefragt; dann entschied sich Apple gegen diese Technologie – der »Wert« der Entwickler fiel plötzlich und schnell. Das ist das Risiko eines zu stark technologiegebundenen Profils (weshalb ich davon abrate). Das Thema E-Recruiting ist verhältnismäßig neu. Experten, die sich hier ein Profil aufgebaut haben, schöpfen das seit einiger Zeit ab und werden vermutlich einige Jahre im Vorteil sein.

Typischer Aufbau

Schauen wir uns den Expertenwissen-Lebenszyklus am Beispiel von Social Media an:

- 2004 wurden Facebook und OpenBC, heute XING gegründet. Social Media begann langsam für berufliche Veränderungen in Marketing, PR, Vertrieb und Personal zu sorgen.

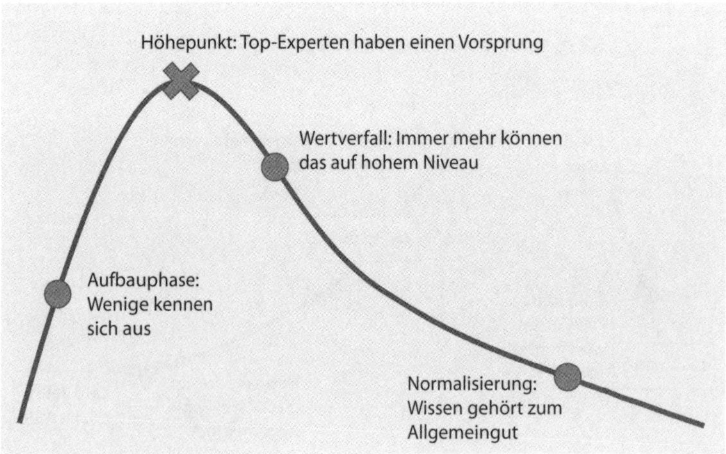

Abbildung: Expertenwissen-Lebenszyklus Social Media

- 2007 hatte sich Social Media bei den Multiplikatoren durchgesetzt. Themen wie Facebook-Marketing kamen auf.
- 2010 hatte Social Media die breite Masse erreicht. In diesem Jahr entstanden viele Jobs in dem Bereich.
- 2013 war der Höhepunkt überschritten, die Mitgliederzahlen gehen, etwa bei Facebook, zurück. Social Media gehört zum normalen Jobprofil in allen Kommunikationsberufen. Hier Kenntnisse zu haben, ist nichts Besonders mehr und wird auch nicht mehr besonders honoriert.

Natürlich muss es nicht zu einer abfallenden Kurve kommen. Wer schlau ist – wie Tim –, schaut einfach, in welche Richtung er sich erweitern, spezialisieren, verändern sollte. Er muss dann, wenn überhaupt, maximal einen kleinen Knick in seinem Expertenwissen-Lebenszyklus in Kauf nehmen – wie auf der Abbildung zu sehen ist. Hier hat sich wiederum die Drei-Jahres-Sicht bewährt.

Was ist eine gelungene Karriere?

Die Kriterien, nach denen man Karrieren als gelungen betrachtet, verschieben sich. In den 1960er Jahren verglich man sich mit denen, die eine sichere Position hatten. In den 1970er und 1980er Jahren bestimmten

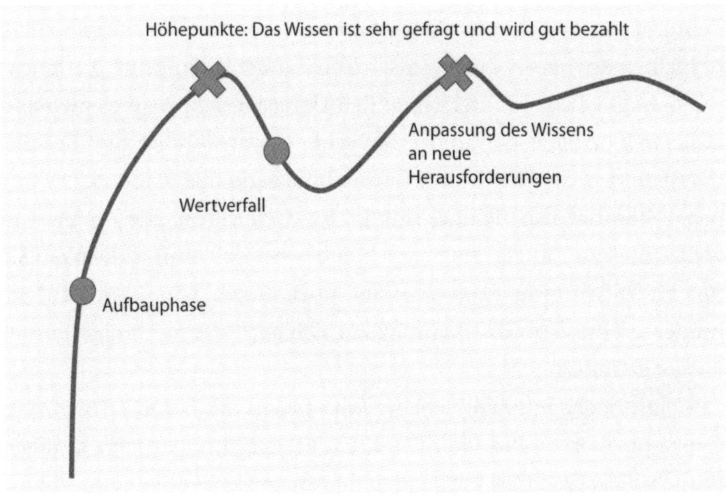

Abbildung: Expertenwissen-Lebenszyklus mit Anpassung

die Erfolgstypen die Vergleichslatte: Wer viel Geld machte, war der Karriere-König. In den 1990er Jahren gewannen im Zuge der New Economy die spaßgetriebenen Start-ups Oberwasser. Karriere war gut, wenn auch das Arbeiten ein Spiel war. Seit den 2000er Jahren kehren Selbstoptimierer wie Tim in die Unternehmen ein. Nun ist es angesagt, sich ein möglichst vom Arbeitgeber unabhängiges Profil zu schaffen. Das ist gar nicht leicht, weil die Unternehmen es nicht fördern. Sie haben Interesse daran, dass Sie als Mitarbeiter möglichst gut in *dieses* Unternehmen passen. Sie aber haben den Wunsch, möglichst auch für andere Stellen interessant zu bleiben. Diese Interessen sollten in Zukunft besser miteinander abgestimmt werden, als das heute oft der Fall ist. Die Unternehmen müssen begreifen, dass sie auch eine gesamtgesellschaftliche Verantwortung haben und ihre Mitarbeiter auch unabhängig vom eigenen Nutzen fördern müssen.

Der Lebenszyklus ist nicht nur bei Fachkarrieren sichtbar, sondern auch bei Führungsjobs. Führung wird nämlich überall anders interpretiert. Vielleicht haben Sie Führung in einem Konzern gelernt, in dem die Leitungspersonen »Vorgesetzte« heißen und Mitarbeiter nur befehligen, anstatt Zusammenarbeit zu organisieren. Dann hätten Sie auch etwas gelernt, was einem Lebenszyklus ausgesetzt ist: Dieser Typ »Vorgesetzter« ist eher ein Auslaufmodell. Bei einer Führungskarriere braucht man heute, anders als früher, zudem dringend Auslandserfahrung. In einem internationalen Unternehmen wird es niemand mehr weit bringen, der nur in Deutschland war. Das hat zum Beispiel damit zu tun, dass die Teams immer internationaler werden. Der Lebenszyklus hat also nicht nur mit Fachwissen zu tun! Die Zyklen sind vielleicht etwas länger, aber auch hier bewegt sich einiges. Denken Sie nur an Führung in Projekten: Seit etwa einem Jahrzehnt wird sie immer wichtiger und seitdem haben sich auch die Methoden immer wieder geändert.

Lebenszyklus bei Führungsjobs

»Diese Sache mit dem Lebenszyklus macht mir Sorge. Ich bin kein Selbstoptimierer. Und überhaupt, ich arbeite in einer ganz ruhigen Branche«, höre ich Sie einwenden. Ich frage Sie: »Gibt es eine ruhige Branche?« Gut, mir sind Firmen bekannt, in denen Angebote immer noch mit der Schreibmaschine getippt werden, und solche, die noch einen handschriftlichen Lebenslauf wie in den 1960er Jahren fordern. Doch das sind Exoten wie der Tante-Emma-Laden.

Im Gesundheits- und Bildungswesen, in der Kultur und in sozialen oder wissenschaftlichen Einrichtungen – das Prinzip ist überall dasselbe: Neues Wissen kommt, altes geht. Es gibt nur einen kleinen Unterschied: Je mehr Wettbewerb in einer Branche herrscht, desto größer das Überangebot an Arbeitskräften, desto wichtiger werden Kontakte – zusätzlich zum Wissen. Eine Karriere im kulturellen Bereich ohne Kontakte ist kaum vorstellbar. Hier gibt es deutliche Unterschiede zu technologienah arbeitenden Menschen, die zwar von Kontakten profitieren, sie aber nicht so notwendig brauchen.

Doch auch als Kulturarbeiter, als sozial oder lehrend Tätiger profitieren Sie vom Wissen um den Lebenszyklus. Es muss an Ihrer Karriere gar nicht so viel ändern. Stellen Sie sich einmal im Jahr nur eine einzige Frage: Was muss ich tun, um mein Profil attraktiv zu halten oder zu machen und meinen Wert zu steigern? Haben Sie die Antwort nicht, fragen Sie Menschen, die Ihnen dazu etwas sagen könnten. Das sind zum Beispiel Personen, die eine Branche von innen kennen. »Solche Leute kenne ich nicht«, höre ich Sie antworten. »Dann lernen Sie sie kennen!«, gebe ich Ihnen mit auf den Weg.

Entwickeln Sie Ihr Profil

Schauen und hören Sie sich um. Jede Branche hat Multiplikatoren, gut vernetzte Personen, die viele Multiplikatoren kennen. Meist treffen sich diese Personen auf Branchenkongressen. Die Blogger- und Social-Media-Szene von Rang ist etwa auf der re:publica versammelt. Andere Branchen sind vielleicht nicht so austauschfreudig, aber auch sie haben ihre Events. Die REHACARE, um ein Beispiel zu nennen, ist eine Messe für Unternehmen, die Produkte und Dienstleistungen für Menschen mit Inklusionsbedarf ausstellen. Je kleiner Sie den Kreis um das ziehen, was Sie interessiert, desto eher kommen Sie auf Veranstaltungen – und auf Namen.

»Ich kann doch nicht einfach so einen Multiplikator fragen, wie ich mein Profil entwickeln soll!« Ja, ich kenne diese Einwände, ich habe sie oft gehört. Natürlich können Sie! Die meisten Experten helfen gern, wenn Sie sie nicht überstrapazieren. Online lässt sich auch einiges recherchieren. Schauen Sie sich bei XING und LinkedIn an, welche Weiterbildungen Menschen angeben, die drei Jahre erfahrener sind als Sie. Wo haben diese ihre Ausbildungen absolviert? Was bedeutet dieser Abschluss, den sie haben? Auf diese Weise kommen Sie sicher auf eine Menge Ideen. Und vor allem: Sie merken, wenn sich in Ihrem Berufsfeld etwas verändert, selbst wenn Sie länger im Job sind. Sie handeln frühzeitig und weitsichtig. Das ist das Beste, was Sie für Ihre Karriere tun können.

Selbstoptimierung selbst in die Hand nehmen

Verlassen Sie sich bei all dem nicht auf Ihren Arbeitgeber. Die Selbstoptimierung sollten Sie lieber in die eigene Hand nehmen. Aber nach einem Weiterbildungsbudget und der Übernahme von Kosten sollten Sie ruhig fragen. Schließlich bringt es ja auch Ihren Arbeitgeber voran, wenn er mit Ihrer Hilfe neueste Methoden anwenden kann.

Vergessen Sie bei all dem nicht, dass es auf mehr als nur Wissen ankommt: die Fähigkeit, dieses anzuwenden und zu kommunizieren. Horchen Sie in sich hinein: Könnten Sie neue Kompetenzen erwerben und welche wären das? Vielleicht reagieren Sie in beruflichen Konfliktsituationen schnell verletzt und verteidigen sich, wenn man Sie kritisiert. Ginge es auch anders? Wie? Sie könnten sich zum Beispiel für die Kritik bedanken. Oder darum bitten, dass man sich mal in einem ruhigen Moment zusammensetzt und die Dinge gemeinsam bespricht. Auch das ist Gehirntraining. Sie haben ein neues Verhalten gelernt und Ihre Verhaltensvarianz damit erhöht.

Es ist auch möglich, ein komplett neues Verhalten zu lernen. Sie können acht Menschen dazu bringen, ein Boot zu bauen, auch wenn Ihnen das derzeit vollkommen abwegig erscheint. Selbst dann, wenn Führung nicht in Ihrem Naturell liegt – Sie werden es lernen können. Sie können auch Kompetenzen erwerben, die Sie für sich selbst überhaupt nicht sehen, etwa Kreativität. Sie können trainieren, kreativer zu werden, indem Sie gezielt üben, Assoziationen zu Gegenständen zu bilden und tägliche Übungen in Ihr Leben einbauen. Selbstoptimierung ist immer möglich.

Es gibt nur eine einzige Voraussetzung: Sie müssen etwas wollen. Es muss einen Grund geben, der in Ihnen begründet liegt. Das kann zum Beispiel Ihr Lernehrgeiz sein oder auch die Motivation, beruflich maximale Unabhängigkeit zu erlangen, wie bei Tim. Der Wunsch, viel Geld zu verdienen, um dann ein Hotel aufzumachen. Oder den Job so zu gestalten, dass er eine maximale Vereinbarkeit mit der Freizeit ermöglicht.

Was ist Ihr Grund, sich selbst zu optimieren? Definieren Sie Ihre Entwicklungspotenziale – aber seien Sie rücksichtsvoll mit sich selbst. Was denken Sie, was die leistungsstärksten Mitarbeiter auszeichnet? Es sind ihre latenten Selbstzweifel. Leistungsstarke Personen haben immer das Gefühl, dass es noch nicht reicht und noch mehr drin ist. Das Streben nach Selbstoptimierung bestimmt ihr Denken und Handeln. Dabei bleiben viele aber immer ein wenig unsicher und fragen sich: Mache ich das richtig? Bin ich auf dem richtigen Weg? Vielleicht empfinden Sie Selbstzweifel als störend, doch sie gehen Hand in Hand mit dem Erfolg und geben den Drive, sich reinzuhängen. Nehmen Sie Ihre Selbstzweifel an und lenken Sie sie in positive Bahnen – indem Sie Veränderungen aktiv angehen.

Latente Selbstzweifel

Entscheiden Sie, was Sie ausbauen und entwickeln wollen. Schauen Sie dabei besonders auch auf Kompetenzen, die in der Zukunft immer mehr gefragt sein werden. Entscheiden Sie sich aber erst einmal nur für einen einzigen Punkt. Sie wissen ja: Eine Baustelle ist wirksamer zu bearbeiten als viele. Man kann sich voll darauf konzentrieren.

Definieren Sie als Entwicklungspotenzial den Punkt, der Sie gerade am meisten hindert, erfolgreich oder noch erfolgreicher auf dem Gebiet zu sein, auf dem Sie etwas leisten wollen. Ich habe Ihnen auf der folgenden Seite die wichtigsten Kompetenzen für die Arbeit zusammengefasst, wie Sie in Zukunft sein wird. Gehen Sie diese einmal für sich durch. Was davon können Sie bereits gut, was noch nicht so? Was sollten Sie aktuell lernen?

Definieren Sie Ihr Entwicklungspotenzial

No.	Habe ich diese Kompetenz?	Definition
1	Kreativität	Die Fähigkeit, eigene Ideen, Vorstellungen und Ansätze zu entwickeln bzw. Vorhandenes neu zu verknüpfen.
2	Argumentation	Die Fähigkeit, Entscheidungen, Entscheidungsvorlagen und Meinungen so zu begründen, dass diese für Experten und Laien nachvollziehbar sind.
3	Selbstführung	Die Fähigkeit, sich selbst zu motivieren und zu leiten.
4	Selbstoptimierung	Die Fähigkeit, sich selbst realistisch einzuschätzen und zu entwickeln.
5	Kooperation und Networking	Die Fähigkeit, mit anderen fruchtbar zusammenzuarbeiten sowie Beziehungen aufzubauen und zu halten.
6	Interdisziplinarität	Die Fähigkeit, über den fachlichen Tellerrand zu schauen und Expertenwissen anderer in die eigene Betrachtungsweise der Dinge einzubeziehen.
7	Lernen	Die Fähigkeit, immer neu zu lernen und sein Wissen selbstständig zu aktualisieren.
8	Internet und Digitales	Die Fähigkeit, sich sicher im Internet zu bewegen und Risiken und Nutzen eigener Aktivitäten bewerten und einschätzen zu können.
9	Storytelling	Die Fähigkeit, Erkenntnisse, Wissen und Geschichten interessant und verständlich mündlich und/oder schriftlich darzustellen.

Net-Work: Spinnen Sie Ihre Netze

Auf Punkt 5 in der Kompetenzliste, Networking und Kooperation, möchte ich ganz besonders eingehen. Ich merke nämlich, dass er für viele der »wunde« Punkt ist, weil ihnen Netzwerken schwerfällt. Daran hat Facebook nicht viel verändert.

Larissa *ist eine international erfahrene Finanzspezialistin, die sechs Sprachen spricht und die siebte gerade lernt. Sie studiert neben der Vollzeittätigkeit in Amsterdam an einer Fernuni in der Schweiz, liest Wirtschaftsbücher und saugt Nachrichten aus Politik und Gesellschaft auf. Ihre Motivation ist eine große Neugier und der unbedingte Wunsch, die Regeln des Networkings zu lernen und irgendwann so gut verdrahtet zu sein, dass sie nie mehr nach Jobs suchen muss! Denn eines hat sie gelernt: Es geht in der Business-Welt nicht nur um Wissen und Können, sondern zumindest zu gleichen Teilen auch darum, sich selbst darzustellen und Kontakte aufzubauen und zu nutzen.*

Larissa weiß, dass sie Networking lernen muss, denn im Grunde liest sie lieber Bücher, als die Zeit mit überflüssigem Small Talk zu verbringen. Es ist nicht die Lust an vielen Kontakten, die sie treibt. Sie will sich damit ihre Karriere sichern. Sie arbeitet in einem weltweiten Konzern und weiß genau, dass sie in ihrer Karriere nicht über Bewerbungen weiterkommen wird, sondern nur über Kontakte. Sie weiß, dass das in den letzten Jahren eher mehr als weniger geworden ist, auch wenn alle Stellen ausgeschrieben werden müssen. Ab einer gewissen Ebene geschieht das nur noch pro forma.

Also aktiviert Larissa ihre Netzwerke und initiiert neue Kontakte. Fliegt sie in den Urlaub, verabredet sie sich mit Personen zum Lunch, die sie kennen lernen möchte. Sie macht sich dafür einen detaillierten Plan. »Ich muss die Weichen jetzt stellen«, sagt sie.

Larissa weiß, dass die wirklich interessanten Jobs auch in anderen Firmen niemals ausgeschrieben sind. Man wird ihr Angebote machen. Sie wird gerufen werden. Headhunter werden sie abwerben. Das passiert auch jetzt schon, über ihr LinkedIn-Profil im Internet kommen immer wieder Angebote. Aber eigentlich möchte sie den nächsten Schritt im jetzigen Unternehmen tun.

Auf andere zuzugehen fällt Larissa alles andere als leicht. Das sieht sie als ihr Lernfeld an. Larissa gehört zu den ambivertierten Menschen, sie hat sowohl introvertierte als auch extravertierte Seiten. Die introvertierte Seite mag es, allein zu sein und ganz viel zu lesen, die extravertierte Seite sucht Aufmerksamkeit und will etwas zu sagen haben. Larissa will etwas erreichen. Das wiegt schwerer als ihr Rückzugsbedürfnis.

Wie kann Larissa es schaffen, zu sein, wie sie ist, und gleichzeitig Netzwerke aufzubauen? Ihr macht es Spaß, sich für andere einzusetzen und andere zu fördern. Außerdem ist sie sehr an Nachhaltigkeit interessiert. Sie gründete, gefördert vom Diversity Management, eine Plattform, um sich über Nachhaltigkeit im Unternehmen auszutauschen. Sie entwickelte Themen, lud Referenten ein, plante Veranstaltungen und baute sich auf diese Art und Weise eine unternehmensweite Sichtbarkeit auf. So hat sie sich für eine klimaneutrale Abteilung eingesetzt, die weithin beachtet wird.

Bedeutung von Netzwerken

Unterschätzen Sie die Bedeutung von Netzwerken nicht. Je weiter Sie kommen wollen, desto wichtiger werden diese. Dabei müssen Sie sich aber nicht unbedingt gängigen Konventionen unterwerfen, sondern können auch Ihren eigenen Stil entwickeln. Früher gab es nur eine große Männerseilschaft, in der jede Hand die andere wusch. Heute sind nicht nur die Möglichkeiten vielfältiger. Es kommen nicht mehr nur die lauten Selbstdarsteller nach oben. Eine meiner Kundinnen, im Konzern sehr weit gekommen, sagt: »Es ist unmöglich geworden, nur mit Eigenlob und geschickter Taktik weiterzukommen. Da wird gemessen und geprüft. Da muss inzwischen auch etwas dahinter sein.« Das beobachte ich auch und noch mehr bei kleineren Unternehmen. Blender allein verlieren an Einfluss – das Sich-selbst-darstellen-können indes gewinnt an Bedeutung, gerade für Leistungsträger. Wie diese Selbstdarstellung erfolgt, ist aber durchaus individuell. Im

Grunde geht es darum, gesehen zu werden, für etwas zu stehen. Dafür muss man die Abteilungsgrenzen verlassen und sichtbar sein. Um das zu erreichen, muss man dafür sorgen, dass andere einen kennen, gerade auch die, die zwei oder drei Ebenen höher stehen als man selbst.

Nehmen Sie den Aus- und Aufbau Ihrer Netzwerk-Kompetenz selbst in die Hand. Warten Sie nicht darauf, dass Sie entdeckt werden. Das passiert selten. Sie allein sind für sich verantwortlich.

Stellen Sie sich vor, Sie sind ein neuer Spieler, wurden gerade für viel Geld von einem Fußballclub eingekauft. Sie betrachten sich selbst im ersten Trainingsspiel. Welchen Bericht würden Sie nach dem Training über sich schreiben? Orientieren Sie sich dabei an fünf Fragen:

1. Wofür stehen Sie? (Thema *und* Kompetenzen)
2. Wie können Sie Ihre Sichtbarkeit verbessern?
3. Wo würden Sie sich gern einbringen?
4. Wo sehen Sie Themen, die noch nicht besetzt sind? (zum Beispiel Gesundheit, Nachhaltigkeit, Freizeit, Charity)
5. Und: Wie können Sie diese Themen besetzen?

Networking heute

Begreifen Sie Menschen als Freunde und Partner, mit denen Sie etwas teilen! Früher war es üblich, Informationen vor anderen geheim zu halten und sein Wissen abzuschotten. Das Networking-Verständnis war auf »Ich bin ihm/ihr noch etwas schuldig« ausgerichtet. Das Networking-Verständnis von heute ist anders. Es geht darum, mit vielen etwas zu teilen, in Vorleistung zu gehen und sich zu engagieren – im richtigen Moment aber auch um Unterstützung zu bitten. Das ist absolut karriererelevant, wie der Wharton-Professor Adam Grant in seinem Buch *Give and Take* untersucht und beschrieben hat.[12]

Planen Sie Ihre Karriere im Quadrat

Nehmen Sie Ihr Leben in die Hand, und überlassen Sie es nicht den Umständen. Werden Sie nicht wie Herr Fesselt, der nicht geplant hat.

Herr Fesselt *Die Geschichte von Herrn Fesselt ist eine ganz normale Jobstory, wie sie die 1980er und 1990er schrieben. Fesselt studierte, was ihm Spaß machte: Ingenieurwesen. So wurde aus dem Bastler ein Ingenieur. Die ersten fünf Jahre im Beruf füllten ihn aus, sie waren lebendig und abwechslungsreich. Doch dann verschlangen der Alltag und schließlich die Firmenpolitik die Freude am Job. Es ging nicht mehr nur um die Arbeit und die Sache an sich, sondern darum, die jeweilige Firmenpolitik umzusetzen, die sich alle naselang änderte. Fesselt ging in seiner Rolle als Veränderungsgegner und Bastion gegen alles Neue auf. »Das haben wir immer so gemacht«, wurde sein liebster Spruch.*

Fesselt konzentrierte sich früh auf die Freizeit, Motorradfahren und Autobasteln wurden absolute Hauptvergnügen. Frühere Kollegen zogen an ihm vorbei und stiegen auf. Meist waren das die BWLer mit dem Drive, es weiter zu bringen. Irgendwann begann ihn die Personalabteilung zu nerven: Er solle sich entwickeln: Konflikttraining, Kommunikation, Persönlichkeit. »So ein Unsinn«, schimpfte er, nahm aber trotzdem teil, weil man da mal der Arbeit entfliehen und lecker essen konnte. Irgendwann war er trotzdem mit seinen Kenntnissen auf dem Abstellgleis. Draußen waren seine Qualifikationen veraltet. Drinnen machte nichts mehr Spaß und die Luft war raus.

Ich habe viele Herr Fesselts erlebt. Spätestens nach acht Jahren im Job waren sie »entfesselt«. Der Arbeitsplatz schien sicher, sie fühlten sich unkündbar. Kollegen mit mehr Leistungswillen waren da längst gegangen oder vorbeigezogen. Menschen wie Herr Fesselt sind meist geprägt vom Sicherheitsdenken ihrer Eltern oder ihres Umfelds. Für sie gab es nur einen Arbeitgeber fürs Leben. In ihren Lebensentwürfen steht nichts von Selbstführung und Eigenentwicklung. Auf die Idee, ihr Profil zu schärfen, kommen diese Menschen nicht. Manche sind wenig leistungsaffin, was auch nicht schlimm wäre, wenn sie ihr Profil trotzdem auf dem neuesten Stand hielten. Es muss nicht jeder ein High Performer sein. Aber auch in der Seitwärtsbewegung muss man heute ab und zu einen Weiterbildungs-Coacktail einnehmen.

Sicherheitsempfinden und Zufriedenheit mit dem Ist-Zustand sind Leistungskiller. Ehrgeiz kann sich nur entwickeln, wenn ein kleines Stück fehlt, das Ziel nicht erreicht ist. Bei Menschen in einer subjektiv sicheren Jobzone – etwa Beamte in der Verwaltung oder Lehrer – sackt der Leistungswille schnell ab, vor allem wenn sie eine Tätigkeit ausüben, die sie vor allem aufgrund der Sicherheit angestrebt haben.

Leistungskiller Sicherheitsempfinden

Ich sehe das auch bei einigen Lehrern meines Sohnes, die die Rente abwarten und sich nicht mehr mühen. Selbstverbesserung ist ein Wort, das sie nie gehört haben. Manche werden selbst zu den Ausbeutern, über die sie sich oft beklagen: Ein Kollege von Herrn Fesselt hatte so wenig zu tun, dass er seine Arbeitszeit damit verbrachte, einen Online-Shop für Gummibärchen aufzubauen und zu verwalten.

Sind das arme Kerle, die vielleicht einfach nur im falschen Job gelandet sind und sich woanders wunderbar hätten entfalten können? Vielleicht. Aber auf die Idee, sich von selbst zu entwickeln, kommen sie nicht. So groß ihr jugendlicher Elan gewesen sein mag, irgendwann wird die Veränderung zum natürlichen Feind – je länger sie im Job sind, desto mehr. Herr Fesselt machte, was man ihm auftrug, so mittelmäßig wie möglich.

Das ist schade. Nicht nur für die Firmen, auch für die Menschen, denn tiefe berufliche Zufriedenheit und das Gefühl, Sinnvolles zu tun, empfinden sie nicht. Natürlich war es auch für Herrn Fesselt irgendwann soweit: Nachdem das Unternehmen privatisiert wurde, fand man eine Möglichkeit, ihn abzubauen. Dafür gab man ihm viel Geld, aber nicht genug, um dauerhaft die Lebenshaltungskosten zu bestreiten. Natürlich fand er keinen Job mehr. Zwei Jahre war an einen neuen Job sowieso nicht zu denken. So lange brauchte er, um Ärger und Wut über den Jobverlust auch nur annähernd zu verarbeiten, um sich mit neuen Perspektiven beschäftigen zu können. Fesselt ist ein durchaus typisches Beispiel für das, was man fehlende »Employability« nennt – und zwar trotz hoher Grundqualifikation.

Das T-Shape-Modell von IBM

IBM hat in den 1990er Jahren das sogenannte T-Shape-Modell entwickelt. Damit sollten Mitarbeiter wie Herr Fesselt, die keine Führungslaufbahn anstreben, gezielter entwickelt werden. Das T besteht aus zwei Balken: Der vertikale Balken symbolisiert die Fachkenntnisse, die in die Tiefe entwickelt werden – in diesem Balken prägt sich das Spezialistenwissen aus. Der horizontale Balken kennzeichnet das Breitenwissen, welches benötigt wird, um die Kenntnisse in die Praxis umzusetzen. Jemand, der tiefgehende Kenntnisse über die evolutionäre Entwicklung der Schnäbel von Finken auf den Galapagosinseln hat, kann dies vielleicht gar nicht nutzbar machen, weil er weder interessant schreiben noch spannende Vorträge halten kann. Erst das Breitenwissen – in diesem Beispiel »interessant schreiben und vortragen« – macht sein Wissen für die Menschen und Unternehmen fruchtbar. Bei einem Projektmanager steht im vertikalen Balken vielleicht »Know-how über das Management von Großprojekten in geschäftskritischen Umfeldern«, während der horizontale Balken ergänzende Kenntnisse beschreibt: internationales Baurecht, Ausschreibungsgestaltung, drei Sprachen (Englisch, Spanisch, Chinesisch), Mediation.

Spezial- und Breitenwissen

Das T-Shape-Modell unterscheidet also die unterschiedlichen Qualitäten von Kenntnissen, indem es einen Schwerpunkt setzt. Mit dem T-Shape-Modell hätte sich Herr Fesselt die Frage stellen können: Was ist eigentlich meine Spezialisierung? Was fehlt mir im langen

Balken des T, um noch besser und gefragter im Vergleich zu anderen zu werden? Welche ergänzenden Kenntnisse habe ich und welche wären noch sinnvoll, um einen schönen horizontalen Strich auf das T zu legen?

Das T-Modell hat allerdings Grenzen. Es berücksichtigt nicht, dass sich Schwerpunkte heute in Zyklen verändern. Vor 30 Jahren mag es gereicht haben, einmal ein Experte im Großrechnerumfeld oder im Vertrieb von Versicherungen gewesen zu sein. Selbst so stabil geglaubte Umfelder wie die Versicherungsbranche wandeln sich gerade radikal. Change, Wandel überall! Das heißt auch: Ein T-Modell hält nicht mehr fürs ganze Leben. Menschen werden in unterschiedlichen Funktionsbereichen und Branchen arbeiten. Dafür werden sie immer mehr Kenntnisse brauchen, die Brücken und Übergänge von einem in den anderen Bereich bilden.

Grenzen des T-Modells

Planungs-Tool: Karrierequadrat

Aus diesem Grund habe ich die Idee des T-Shapings zu meinem Karrierequadrat weiterentwickelt. Es ist zudem unabhängig von der Frage, ob es um Fach-, Projekt- oder Führungskarrieren geht.

Die Zyklen, in denen sich Unternehmen, Branchen, Segmente und Tätigkeiten verändern, werden immer kürzer. Manche Menschen wechseln ihre Unternehmen häufiger, andere bleiben so lange wie früher. Aber auch die, die bleiben, können dies nur, wenn sie sich mitverändern. »Change«, also Wandel, ist in den letzten zehn Jahren zu einem der meist gebrauchten Begriffe überhaupt geworden: Der Wandel ist ein Dauerzustand. Schon in fünf Jahren könnte es das Unternehmen nicht mehr geben, weil irgendeine neue Erfindung eine Branche zerstört hat oder sie Tochter eines chinesischen Konzerns geworden ist oder Ähnliches. Firmen wie Apple haben ihre besten Jahre womöglich hinter sich, Samsung ist jetzt Innovations-

Wandel als Dauerzustand

führer. Neue Namen steigen heute schnell auf (und wieder ab). Die schnelllebige Technologie beherrscht die Wirtschaft: Die drei wertvollsten Marken sind Apple, Google und Coca-Cola – zwei der drei sind Hightech-Firmen.

Unplanbarkeit erfordert andere Maßnahmen als Planbarkeit. Nehmen wir das Thema Projektmanagement. Wie managt man Projekte effizient? Lange Zeit dominierten im Projektmanagement Modelle, die die Planung von Zeit und Budget über alles stellten. Bis sich herausstellte, dass dadurch bis zu 90 Prozent aller Projekte gegen die Wand fuhren, weil zwischenzeitlich etwas Unerwartetes passiert war.

Dabei sind Flexibilität und Planung zwei Seiten eines Kontinuums. Beide gemeinsam führen sicherer zum Ziel als nur eine Seite. So kam die flexible Planung »Scrum« auf, die inzwischen selbst in Konzernen Anwendung findet. Scrum bedeutet, dass man sich auf die Lösung der aktuellen Probleme fokussiert und sich auf den Ist-Zustand konzentriert statt auf den Plan. Dazu gibt es konkrete Vorgehensweisen. Es ist eine Einstellungssache. »Man kann nicht alles planen, sondern muss manches auch erst experimentell entwickeln«, ist etwa ein Scrum-Gedanke.

»Scrum« – die flexible Planung

Wer heute Projekte steuert, löst akute Probleme, arbeitet mit flexiblen Checklisten und hantiert mit Plänen, die sich den laufenden Entwicklungen anpassen. Nehmen wir die Businessplanung. Auch sie hat sich in diesem Sinne verändert. Vorbei sind die Zeiten, in denen einfach auf drei Jahre geplant und dieser Plan dann abgearbeitet wurde. Heute entwickelt man Unternehmen flexibel von unten, erstellt Prototypen, probiert sie aus, testet die Marktresonanz, optimiert, testet wieder und so weiter.

In der Karriereplanung ist es genauso. Ich sehe sie als eine Form der Businessplanung für das eigene Berufsleben. Sie braucht eine Mischung aus flexiblem Reagieren auf aktuelle Entwicklungen und dem Setzen von Zielmarken. Nur Treibenlassen geht nicht mehr. Aber konkret lässt sich eine Karriere auch nicht mehr vorhersehen. In diesem Rahmen bewegt sich das Karrierequadrat.

Wie Sie planen lernen

Beginnen Sie immer mit dem Ist-Zustand. Eine Standortanalyse einmal im Jahr ist eine wunderbare Ausgangsbasis. Wenn Sie sich darauf einlassen, werden Sie nie rosten und auf einem Abstellgleis landen wie Herr Fesselt. Denken Sie für Ihre Standortanalyse über folgende Fragen nach:

Jährliche Standortanalyse

- Was habe ich bisher gelernt?
- Was sind meine Werte?
- Was sind meine Antreiber?
- Was lädt meine Batterien im Job auf, was entlädt sie, stresst mich also?
- Wovon will ich mehr, wovon weniger?
- Was habe ich für Lebensziele? Was gibt meinem Leben Sinn?
- Was ist meine Motivation, die nächsten beruflichen Schritte zu gehen?

Wenn Sie Ihren Standort kennen, können Sie sich leichter mit ihrer Bezugsgruppe vergleichen. Das sind Menschen, die die gleiche Ausbildung, Erfahrung oder Funktion haben wie Sie. Was haben Sie an Vorzügen gegenüber diesen Personen? Und was vielleicht weniger? Das können ganz profane Sachen sein, wie etwa Excel-Kenntnisse, oder auch große »Dinge«, wie ein Studienabschluss. Gehen Sie die

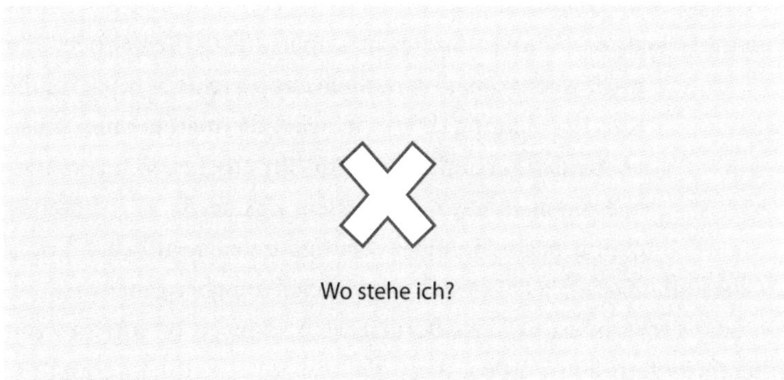

Abbildung: Ihr Standort X

Fragen durch und schreiben Sie alles auf, was Ihnen zu Ihrem Standort einfällt. Das große X steht für Ihren Standort.

Je besser Sie wissen, was Ihr X ausmacht, je genauer Sie es beschreiben können, desto leichter werden Sie auch Ihre nächsten Entwicklungsschritte definieren können. Nehmen wir als kleines Beispiel den Bereich Public Relations. Als etwa 2007 Social Media zur großen Welle wurde, haben das viele PR-Menschen erkannt und sich in die »Fluten« gestürzt. Diese frühen Wellenstürmer waren damit sehr erfolgreich, ja sie konnten sogar neue Jobs etablieren. Jetzt ist Social Media eine Welle, auf der viele schwimmen, eine Pflichtübung für alle, die mit PR zu tun haben. Viele haben aber den Anschluss verloren, auch weil sie nie eine Standortanalyse gemacht haben.

Social Media

»Unglaublich, da war die Besitzerin einer Marketingagentur auf der Veranstaltung, und sie hatte keine Ahnung von Social Media«, erzählte mir eine Kollegin vollkommen entgeistert. Mich wundert das nicht. Es gibt auch in fortschrittlichen Bereichen Menschen, die hoffnungslos hinterherhängen.

Nehmen Sie sich Zeit, sich mit Ihrem X zu beschäftigen. Sammeln Sie, was Ihnen einfällt. Tragen Sie Ihre Gedanken eine Weile mit sich herum. Dadurch klären sie sich und werden konkreter. Sie brauchen diese Klärung, um Ihr nächstes Karriereziel in Augenschein zu nehmen. Das wird unser nächster Schritt sein: Um das X kommt ein Quadrat.

Haben Sie in Mathe aufgepasst? Es ist so: Wenn Sie eine Seite eines Quadrats kennen, können Sie leicht seinen Inhalt berechnen. Für mich ist das Quadrat deshalb das perfekte Symbol für die Karriereplanung. Die eine Seite, die man kennen muss, ist die der Persönlichkeit. Aus ihr ergeben sich persönliche Kompetenzen. Interessen, das sagen alle Untersuchungen, sind weniger wichtig für den beruflichen Erfolg als Persönlichkeit. Das hört sich unglaublich an, aber genauso ist es. Deshalb verwundert es, dass Berufsentscheidungen oft anhand von Interessen getroffen werden. Aber glauben Sie mir: Ihr Interesse für Werbung bringt Ihnen nichts, wenn Ihre Persönlichkeit Stabilität

Persönliche Kompetenzen

sucht und keine Lust auf Veränderung hat. Ihre Leidenschaft für Modedesign kommt beruflich nicht zur Blüte, wenn Sie sich als Person nicht auf den damit verbundenen Wettbewerb einlassen können.

Persönlichkeit ergibt sich aus der Kombination von kognitiven Fähigkeiten und Eigenschaften. Wenn Sie ein begabter Analytiker sind, Menschen motivieren können und zudem in der Lage sind, gewohnte Denkweisen in Frage zu stellen, liegen in dieser kleinen Persönlichkeitsbeschreibung schon viele Möglichkeiten. Auch biologische Komponenten fließen mit ein. Aller Ehrgeiz, ein weltweit erfolgreicher Läufer zu werden, nützt nichts, wenn Sie kurze Beine haben.

Alle anderen Seiten des Quadrats bauen auf der persönlichen Seite auf. Deshalb ist diese die wichtigste. Ihre Persönlichkeit bestimmt den Berufseinstieg, die Weiterentwicklung, Ihren Weg und Erfolge. Sie ist die Basis und lässt dabei viel Freiheit, denn es gibt nicht nur einen passenden Weg, sondern viele. Im Laufe des Berufslebens verengen sich die Möglichkeiten aufgrund von Erfahrungen, ergeben eine Gestalt und hauchen rückblickend vorherigen Schritten Sinn ein.

Die Persönlichkeit als Basis

Karriere wird mehr und mehr zur Abfolge von beruflichen Entscheidungen, die Sie vor dem Hintergrund Ihrer gewünschten beruflichen Entwicklung und Ihrer jeweiligen Lebensumstände treffen, als »Der nächste Schritt«-Planungen. Was ergibt als Nächstes für Sie persönlich einen Sinn? Das ist meist nicht dasselbe, was für andere sinnvoll ist. Denn die persönliche Seite spielt – dem Gedanken des Quadrats folgend –immer die zentrale und prägende Rolle.

Trotzdem reicht es nicht, nur die eine Seite zu betrachten: Die anderen leiten sich von der Persönlichkeitsseite ab. Wenn Sie in nächsten Schritten denken, nehmen Sie sich den Druck endgültiger Entscheidungen und entfernen das unsichtbare Einbahnstraßenschild aus mancher Karrierelaufbahn.

Beginnen Sie mit der linken, vertikalen – tragenden – Seite. Das ist die Seite, die immer gleich bleibt oder sich nur leicht verändert. Welche vier bis fünf Eigenschaften schreiben Sie sich am meisten zu? Welche wollen Sie im Job unbedingt einsetzen, weil sie Ihnen so wichtig

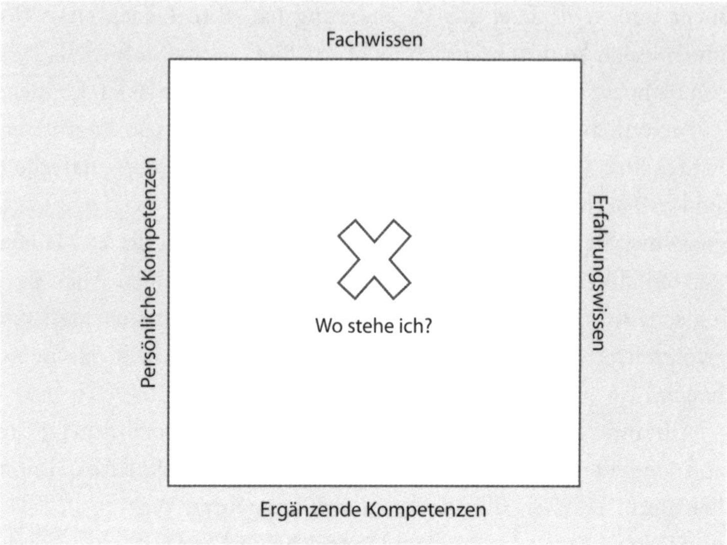

Abbildung: Karrierequadrat (Grundschema)

sind? Nehmen Sie sich Post-its und notieren Sie diese Eigenschaften auf je einem Zettel für Ihre Seite »Persönliche Kompetenzen«.

Schauen Sie jetzt in die Mitte. Ersetzen Sie das »Wo stehe ich?« durch ein möglichst konkretes berufliches Ziel. Können Sie es benennen? Schreiben Sie es auf ein blaues Post-it. Darauf könnte stehen: »Eventmanagerin«, »Coach für Menschen mit Inklusionsbedarf«, »Medizinprodukteberater« oder »Key-Account-Manager«. Wenn Sie mehrere Optionen für Ihren nächsten Schritt sehen, so schreiben Sie alle auf. Wissen Sie hingegen nicht, was das Ziel ist, so schreiben Sie das auf, was Sie über das Ziel wissen, zum Beispiel:

Ein konkretes berufliches Ziel

- Hat mit Beratung zu tun
- Innovatives Umfeld
- Flache Hierarchien

Fragen Sie sich, wie Sie es weiter konkretisieren können. Welche Branchen? Welche Jobtitel? Bedenken Sie aber auch: Jobtitel werden ähnlich überschätzt wie Interessen. Es geht oft gar nicht darum, wie etwas heißt, sondern wie der Berufsalltag aussieht. Trotzdem sind die meisten Tätigkeiten Bereichen zugeordnet, etwa Marketing, Vertrieb, PR, IT, Personal et cetera, sofern sie nicht übergeordnet sind, etwa im Stab, im Projektmanagement oder in der hausinternen Beratung.

Hinterfragen Sie nun Ihre eigenen Kenntnisse und Ihr Fachwissen. Welche sind für Ihren Job wirklich relevant? Wenn Sie nicht sicher sind, holen Sie sich Insiderwissen von Menschen, die Ihnen eine Nasenlänge voraus sind. Tim könnte Ihnen erzählen, dass es Zertifikate in Systemarchitektur gibt, wobei das Selbststudium mindestens so wichtig ist. Larissa würde Ihnen sagen, dass ein Master in Finance Türen öffnet, und könnte Ihnen von ihrer Erfahrung mit verschiedenen Online-Studiengängen berichten. So würden sich außen um Ihr Quadrat nach und nach konkrete Entwicklungsoptionen abbilden, die Sie später – wenn Sie sich das Wissen angeeignet haben – in Ihr Quadrat integrieren können.

Relevante Kenntnisse und Fachwissen

Fragen Sie sich bei Ihren Kenntnissen auch: Ist dabei die theoretische und die praktische Seite abgedeckt? »Nur« Theorie funktioniert meistens genauso wenig wie »nur« Praxis. Nehmen wir ein simples Beispiel: Jeder kann sich Excel selbst beibringen. Aber die Kniffe bleiben einem verborgen, und man findet durch intuitives Ausprobieren höchstwahrscheinlich nicht die kürzesten Wege zum Ziel. Ich kann Ihnen das aus eigener Erfahrung sagen. Jahrelang habe ich das Quadrat einer Zahl per Hand ausgerechnet, bis ich gelernt habe, dass es bei Excel ja auch den Befehl »Quadrat« gibt.

Welche Kenntnisse sind für Ihr Ziel in der Mitte wirklich relevant? Ich vermute, dass Sie etwa fünf Zettelchen benötigen, um sie aufzuschreiben. Gibt es etwas, das Sie nicht haben, aber brauchen, um das Ziel in der Mitte zu erreichen? Etwa »Durchsetzungskraft« oder bestimmte fachliche Kenntnisse? Das kommt auf ein Zettelchen, das Sie dann außen an den Rand des oberen Balkens kleben.

Schauen Sie sich, wenn Sie die Fachwissen-Seite Ihres Quadrats beschriften, auch Ihre methodischen Kenntnisse an. Methoden sind der am meisten unterschätzte Wissensbereich. Sie beschreiben das »Wie«: Also, wie mache ich etwas, zum Beispiel effizient oder/und regel- oder prozesskonform. Auch Führung beruht letztendlich auf Methoden. Es mag Menschen geben, die aufgrund ihrer Persönlichkeit bereits gute Führungsleistungen erbringen, und andere, die mehr Übung brauchen. Sicher ist, dass das Wissen um Tools, Modelle und ideale Vorgehensweisen grundsätzlich nützlich ist, wenn man auf einem höheren Niveau arbeiten möchte.

Nehmen Sie sich nun die Seite »Erfahrungswissen« vor, das ist die Seite gegenüber der Persönlichkeit beziehungsweise den persönlichen Kompetenzen. Bei vertrieblich oder strategisch ausgerichteten Tätigkeiten könnten hier auch Erfolge stehen. Manchen Menschen fällt es schwer, in Erfolgen zu denken. Stellen Sie sich dann folgende Fragen:

Erfahrungswissen und Erfolge

- Was habe ich erfolgreich beendet, eingeführt, verändert, verbessert?
- Wofür habe ich besonderes Lob bekommen?
- Worauf bin ich stolz?

Erfahrungswissen und Erfolge müssen nicht nur aus dem Job stammen. Hier kann auch ein in Regelstudienzeit abgeschlossenes berufsbegleitendes Studium stehen oder die Tatsache, dass Sie einen Blog aufgebaut haben, der im Internet in seinem Segment führend ist. Notieren Sie Ihr Erfahrungswissen wiederum – am besten auf andersfarbige – Post-its, um die rechte Seite des Quadrats damit zu füllen.

Die letzte Seite des Quadrats ist die der ergänzenden Kompetenzen. Das ist die untere Seite. Sie stellt die Verbindung zur Persönlichkeit her. Was können Sie, was sonst noch im Job nützlich ist? Sprachen? Konflikte lösen? Coaching? Schreiben Sie auch diese Dinge auf Post-its (der Übersichtlichkeit wegen wieder in einer neuen Farbe) und kleben Sie sie auf.

Ergänzende Kompetenzen

Wie gefällt Ihnen Ihr Quadrat? Ist es nicht viel mehr als die Summe seiner einzelnen Seiten?

Ein ausgefülltes kann beispielsweise so aussehen wie das Beispiel auf der nächsten Seite. Außerhalb des Quadrats stehen die Kenntnisse, Erfahrungen und Kompetenzen, die noch nicht vorhanden sind.

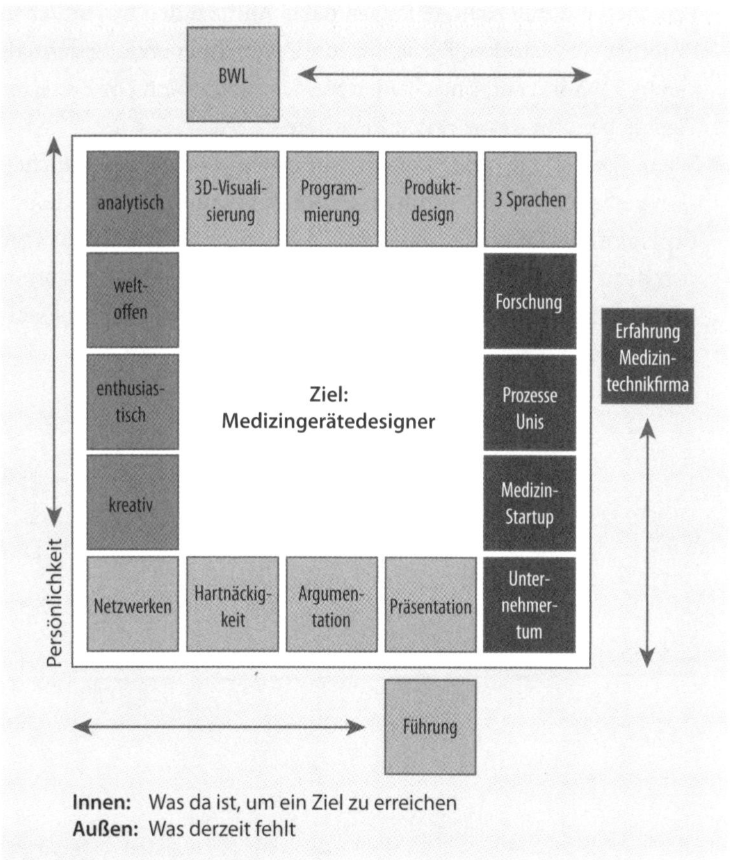

Abbildung: Beispiel für ein ausgefülltes Karrierequadrat

An dieser Stelle seien die einzelnen Schritte für das Karrierequadrat noch einmal zusammengefasst:

- Zeichnen Sie ein Quadrat auf einem Blatt Papier oder in Powerpoint.
- Was will ich als Nächstes erreichen – möglichst konkret? Dieses Ziel schreiben Sie prägnant in die Mitte des Quadrats.
- Welche persönlichen Kompetenzen, Fachkenntnisse, Kommunikations- und Methodenkenntnisse brauche ich dazu? Sammeln Sie, idealerweise gemeinsam mit einem Coach oder einer anderen

Person, die durch richtige Fragen dabei hilft, zu den wesentlichen Punkten vorzustoßen. Kleben Sie die Zettel dann entlang der Balken im Quadrat auf. Entscheiden Sie sich, wenn Sie mehr Zettel als Platz haben, für das wirklich Relevante.

→ Wenn Sie das Ziel noch einmal betrachten: Welche persönlichen Kompetenzen, Fachkenntnisse, Kommunikations- und Methodenkenntnisse brauchen Sie, die Sie noch nicht haben? Schauen Sie sich dazu aktuelle Stellenanzeigen an, und sprechen Sie mit branchen- und berufserfahrenen Personen. Auch Anrufe bei Personalabteilungen können sehr hilfreich sein.

STRATEGIE 5: PROFILIEREN SIE SICH

In der Zeitung sah ich letztens ein Foto von einem jungen Mann, der einen Hut aufhatte und ungewöhnlich gekleidet war: mit Ringelsocken und einem Retromantel. Früher wäre in diesem Aufzug keine Karriere möglich gewesen. Heute sieht das etwas anders aus – viele Spielregeln gelten nicht mehr oder nicht mehr überall. Der junge Mann mit dem Hut steht für etwas, das heute immer wichtiger wird: Der Mensch als Marke. Konformität verliert als Wert, Individualität gewinnt. Das wirkt direkt auf die Art und Weise, wie und wodurch man heute Karriere macht.

Profilierung führt über verschiedene Schritte. Zunächst geht es darum, die richtige Bezugsgruppe zu finden, mit der Sie sich vergleichen – denn nur so können Sie Karrierepotenziale entfalten. Und dann können Sie damit beginnen, an Ihrer »Karrieremarke« zu arbeiten. Das ist das sogenannte »Career Branding«.

Finden Sie Ihr persönliches Karrierepotenzial

Jeder Mensch hat ein ganz persönliches Karrierepotenzial. Das Umfeld hilft dabei, dieses freizusetzen – aber das ist es nicht allein. Es sind auch ganz konkrete Umstände und ganz konkrete Menschen, die eine Rolle spielen. Psychologisch gesehen geht es auch um die Bezugsgruppe, die Sie sich selbst wählen.

Nachdem John Lennon sich von den Beatles getrennt hatte, erhöhte sich sein Selbstbewusstsein. Er musste sich nicht mehr mit dem großen Paul McCartney vergleichen. Das setzte seine Schöpfungskraft frei. Man könnte nun mutmaßen, dass John sich im Schatten des großen Paul nicht richtig entfalten konnte. Obwohl er fraglos gute Leistungen erbracht hatte, nahm er das für sich selbst nicht als positiv wahr. Er entfaltete sich erst als Solokünstler. Trotzdem: Ohne die Beatles wäre seine Karriere nicht möglich gewesen, seine ganze Laufbahn hätte sich anders entwickelt.

Das beobachte ich immer wieder: Nicht nur das Umfeld, auch die Bezugsgruppe beeinflusst die Karriere. Es kann sein, dass der Vergleich mit besseren, erfolgreicheren, kreativeren, ordentlicheren, intelligenteren Menschen beflügelt – oder dass dieser Vergleich bremst und das eigene Karrierepotenzial eindämmt.

Ihre Bezugsgruppe beeinflusst Ihre Karriere

Ich habe während meines Studiums aushilfsweise Teller gewaschen. Tellerwäscher waren die vollkommen falsche Bezugsgruppe für mich. Ich war grauenvoll erfolglos, mein Selbstbewusstsein sackte in den Keller. Ich sah die Flecken auf dem Geschirr einfach nicht, ich träumte vor mich hin und zerschepperte Porzellan. Ein ähnliches Desaster war die Arbeit in einer Kalenderfabrik und noch schlimmer meine Zeit als Aushilfssekretärin. Ich war mit Abstand die schlechteste. »Nie war jemand so schlecht wie du«, sagten mir auch die Kolleginnen. An der Uni war das ganz anders. Ich lernte weniger als Kommilitonen und mir fiel vieles leichter: In dieser Bezugsgruppe stieg mein Selbstbewusstsein.

Studien belegen, dass das Selbstbewusstsein je nach Umfeld steigt oder fällt. Ein mittelmäßiger Mathematiker wird in einer Gruppe voller Genies automatisch einen Selbstbewusstseinsschwund erleiden. Es wäre für ihn besser, wenn er mit schlechten oder anderen mittelmäßigen Mathematikern zusammenkäme – hier würde er eine gute Figur abgeben und für seine Fähigkeiten bewundert werden. Suchen Sie sich deshalb ein Umfeld, in dem Sie zur Spitzengruppe gehören können, weil sie die entsprechenden Fähigkeiten mitbringen. Das erkennen Sie daran, dass Ihnen die Aufgabe leichtfällt.

Die Bezugsgruppe hat aber auch mit Qualität zu tun. Je höher diese ist, desto besser für Ihr Karrierepotenzial. Wieder beziehe ich mich auf John Lennon. Wäre seine Bezugsgruppe nicht die Beatles gewesen, sondern eine drittklassige Schülerband, wäre aus der Solokarriere nichts geworden. Wahrscheinlich hätte er auch Yoko Ono nie kennen gelernt.

Es gibt also durchaus allgemeingültige Kriterien für Arbeitgeber, die Karrierepotenziale besser fördern als andere. Das sind Firmen, die wissen, dass ihre eigene Entwicklung an die ihrer Mitarbeiter gekoppelt ist.

Der autoritative Erziehungsstil

In der Erziehungswissenschaft gibt es den Begriff »autoritativ «, das ist weder autoritär noch laissez faire, sondern ein Erziehungsstil, der auf Klarheit und Fairness beruht. Autoritative Eltern geben ein ganz klares Vorbild, erklären ihren Kindern, warum sie etwas so oder so entscheiden – beziehen diese in Entscheidungen mit ein und übertragen angemessen Verantwortung. Endlose Diskussionen und Schlingerkurse gibt es nicht. Dieser Erziehungsstil hat allen anderen gegenüber einen eindeutigen und messbaren Vorteil: Er stärkt das Kind.

Autoritative Firmen fördern genau solches Verhalten bei ihren Führungskräften. In solchen Unternehmen gibt es mehr Innovationskraft und Professionalität. Ich hatte bereits das Beispiel IBM genannt.

Ein Unternehmen, das dafür Sorge trägt, dass Mitarbeiter auch für andere Firmen attraktiv bleiben, handelt professionell und verantwortungsvoll.

Die richtige Bezugsgruppe zum Ausschöpfen des eigenen Karrierepotenzials ist gerade am Anfang des Berufslebens extrem wichtig und prägend für den Lebenslauf und damit für die Zukunft. Es gibt viel zu viele Firmen, die weder methodisch noch nach neuen Erkenntnissen handeln. Ich erinnere mich in diesem Zusammenhang an eine Kundin, deren Chef sagte: »Was wollen Sie hier mit Ihrem theoretischen Uni-Schnickschnack, das haben wir schon immer *so* gemacht.« Das ist erstens eine bittere Erfahrung für jemanden, der ein Unternehmen mit bestem Wissen und Gewissen voranbringen will. Und zweitens ist die Lernkurve in so einem Umfeld deutlich geringer, als sie woanders sein könnte, wo Verbesserungsvorschläge willkommen sind. Verschwendete Energie. Rausgeworfene Karrierepower. Das ist Tellerwaschen.

Megatrend: Neo-Ökologie

Bringen Sie Ihr Karrierepotenzial da ein, wo Sie punkten können, bei Unternehmen, die in Sachen Innovation, Know-how und Soft Skills fortschrittlich und am besten sogar führend sind – oder in Zukunft führend sein werden. Ich verstehe nicht, warum sich alle Welt auf die Automobilbranche als Arbeitgeber stürzt, denn ich gehe eher nicht davon aus, dass wir in 20 Jahren auch noch alle drei Jahre einen neuen PKW kaufen. Für mich spricht auch mit Blick auf den Megatrend Neo-Ökologie[1] mehr dafür, dass wir dann Fahrrad fahren und Fahrgemeinschaften bilden werden. Dass also Unternehmen wie Car2Go eher wachsen werden oder Unternehmen, die Seilbahnen aus den Alpen – wo es ja dann keinen Schnee mehr geben wird – in die Stadt bringen.

Blicken Sie in die Zukunft!

Neue Erfindungen werden gefragt sein und könnten alte Branchen, auch die Autoindustrie, disruptiv zerstören. Wenn Sie jetzt die Möglichkeit haben, Ihren Lebenslauf zu prägen, orientieren Sie sich nicht am Alten, sondern am Neuen (es sei denn, das Alte ist ein neuer Trend, etwa sichtbar derzeit in der Manufaktur-Bewegung). Wagen Sie es, in die Zukunft zu blicken.

Wenn Sie die Gegenwart weiterdenken, ist das gar nicht schwer, denn vieles hat mit Entwicklung zu tun.

Ich habe schon die 3D-Drucker erwähnt, mit denen auch Sie bald eine eigene Produktion zu Hause eröffnen können. Wird man sich dann seine Kleider drucken oder sogar das eigene Haus? Was in diesem Umfeld möglich sein wird, begreifen Sie erst, wenn Sie bei einem innovativen Unternehmen arbeiten, dass sich damit beschäftigt. Oft wissen wir nämlich viel zu wenig über heutige Entwicklungen, sogar unsere Allgemeinbildung ist veraltet. Wir glauben immer noch, Freuds Psychoanalyse auf der Couch sei State of the Art. Und wir denken nach wie vor, dass Computer nur analog arbeiten können, also Informationen nacheinander verarbeiten können. Das ist aber längst nicht mehr so. Computer können auch das menschliche Gehirn simulieren, das als Wunderwerk für Parallelverarbeitung – zum Beispiel gleichzeitig sehen, fühlen und denken – bekannt ist.

Wachsen Sie in den besten Karrierebrutkästen

Nichts schafft mehr langfristige Sicherheit als eine hochwertige Berufspraxis. Sie ist wie ein Brutkasten für die Karriere. In den ersten drei bis sechs Berufsjahren legen Sie ein Fundament für die Zukunft, auch wenn Sie sich öfter umorientieren werden als noch ihre Eltern. Das, was Sie in diesen ersten Jahren lernen, ist so etwas wie Ihr Mutterboden. Pflanzen Sie sich selbst nicht in den erstbesten. Das gilt auch, wenn Sie vor einer zweiten oder dritten Berufsveränderung stehen und nochmal richtig durchstarten wollen. Später können Sie sich dann zurücklehnen. Wenn Sie das dann überhaupt noch können und wollen. Denn wer schon einmal für einen Sternekoch tätig war, wird sich für den Imbiss nur noch schwer erwärmen können. Aber: Sie können Ihr so erworbenes Karrierepotenzial besser in eine Selbstständigkeit übersetzen, leichter auf Teilzeit reduzieren, schneller etwas Neues finden …

Suchen Sie sich ein Thema und einen Bereich, in dem Sie *mindestens* genauso gut sind wie Ihre Bezugsgruppe. Lassen Sie die Finger von theoretischer Physik, wenn Sie als Fitnesstrainer viel besser sind. Wenn Sie sich noch nicht für ein Thema aufgestellt haben, tun Sie es jetzt. Finden Sie irgendetwas, in dem Sie über kurz oder lang besser sein können als andere: der bessere Lehrer, der besser Marketing-Manager, der bessere Erfinder.

Suchen Sie nach *neuen* Themen

Schauen Sie sich nach Themen um, die neu und noch nicht von anderen besetzt sind. Das kann die Versorgung und Mobilität von Dorfgemeinden sein. Die Physiotherapie mit Rollstuhlfahrern. Selbst Schokolade ist ein Thema, ein sehr greifbares zudem. Und während Sie sich damit beschäftigen, werden Sie merken, dass der Weg nicht nur zu Suchard und Milka führt, sondern zu kleinen innovativen Firmen, die Ideenschmieden für die Nahrungsmittelindustrie sind. Sie erkennen, dass China ein großer Absatzmarkt ist und dass Schokolade immer öfter mit Gesundheit in Zusammenhang gebracht wird.

Definieren Sie, wie in einer Mindmap, die zu einem Thema gehörenden Unterbegriffe. Informieren Sie sich über Unternehmen, die in diesen Bereichen gerade an Bedeutung gewinnen und noch wichtiger werden könnten. Das ist, zugegeben, ein etwas aufwändigerer Zugang als der über die »100 beliebtesten Arbeitgeber«, aber langfristig gesehen garantiert eine gute Investition. Sie kaufen hier ja keine Jeans oder ein Auto, sondern die gute Basis für Ihr späteres Berufsleben.

Die folgende Abbildung verdeutlicht noch einmal den Ablauf, um das persönliche Karrierepotenzial voll zu entfalten:

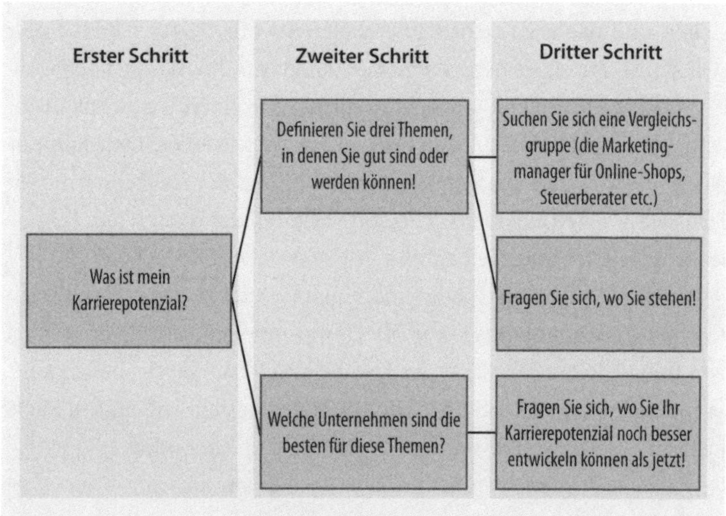

Abbildung: Karrierepotenzial entfalten

Das Gesagte gilt natürlich auch schon für Praktika. Auch hier entfaltet man Karrierepotenziale besser in einer gut aufgestellten Firma als bei Otto Schmidt um die Ecke. »Ich habe aber nicht die Noten für solche Unternehmen«, sagen Sie vielleicht. Wie gesagt, es geht nicht nur um die großen Namen, son-

Gute Firmen für Praktika

dern um *gute* Firmen. »Hiring for attitude« ist etwa ein verbreitetes Motto der Start-up-Szene. Start-ups, die sich daran orientieren, wollen vor allem Mitarbeitende, die motiviert sind, sie müssen aber nicht »fertig« sein.

Career Branding: Werden Sie eine wiedererkennbare Marke

Sie werden dieses Buch nicht gekauft haben, wenn Sie vorhaben, den Rest Ihres Lebens als Hafenarbeiter zu fristen. Sie werden mehr wollen. Hafenarbeiter brauchen kein Career Branding, jedenfalls nicht unbedingt. Sie aber schon.

Career Branding bedeutet, sich durch systematische Karriereentscheidungen ein unverwechselbares Profil zu geben. Erinnern Sie sich an das Karrierequadrat. Es ist die Ausgangsbasis. Denken Sie daran, dass eine Marke immer dynamisch ist, sich also verändert. Definieren Sie Ihre Marke für heute und entwickeln Sie sie weiter. Nutzen Sie dazu das Karrierequadrat. Lassen Sie Informationen daraus zum Beispiel in Internetprofile einfließen, ob auf einer eigenen Website, bei XING oder LinkedIn entscheiden Sie. Überlegen Sie aber gut, was Sie tun und wie Sie es tun. Denn das Internet vergisst nichts.

Geben Sie sich ein unverwechselbares Profil

Sonja *Beim Hamburger Otto-Konzern war Sonja Königsberg Leiterin des Personalmarketings. Sie hat eine rasante, siebenjährige Karriere bei IKEA hinter sich, bis hinauf zur Abteilungsleiterin. Angefangen hat alles mit einer Ausbildung zur Werbekauffrau und Kommunikationsfachwirtin. Sie entdeckte schon früh das Internet – in einer Zeit, in der man hier noch richtig was machen konnte und ganz schnell auffiel, wenn man es gut machte.*

Sonja twittert als »Frau Onk«, hat ein Profil bei Google+, einen Blog und natürlich eine eigene Website. Ganz tolle Fotos macht sie auch. Das kann jeder bei Flickr und Instagram bewundern, in diesen Foto-Netzwerken ist sie auch aktiv. Dank ihrer schwarzen Nerdbrille ist Frau Onk überall schnell wiederzuerkennen. Aber ein Nerd ist sie nicht. Frau Onk ist einfach nur kom-

munikativ und offen für Neues. Eine bewusste Karriereplanung betreibt sie nicht – wie viele derjenigen, die auch ein bisschen Glück hatten, weil sie zur rechten Zeit am passenden Ort waren. (Das war vor sieben Jahren, im Internet.) Trotzdem treibt sie keineswegs ziellos vor sich hin wie Treibholz. Pippi Langstrumpf hielt klaren Kurs auf Taka-Tuka-Land. Und Frau Onk weiß genau, dass ihr Taka-Tuka-Land eines ist, in dem man noch Häuser bauen und Bäume pflanzen kann – und Aufmerksamkeit auch mit einem Pferd auf der Veranda erzeugt.

Als ich sie das erste Mal wahrnehme und sie googele, wundere ich mich ein bisschen. Sie ist zu locker für Otto. Sie reagiert schnell, twittert ihre Meinung und sucht den Dialog. Das kenne ich so nicht von Konzernmitarbeitern. Selbst nicht bei Twitter. Erst recht erwarte ich es nicht, wenn die aktiven Twitterer selbst bei den Unternehmen angestellt sind und es sich nicht etwa um Freiberufler oder Agenturen handelt, die die Online-Kommunikation professionell betreiben. Diese Profis wissen meist, dass Dialog dazugehört und sofortige Resonanz wichtig ist, wenn Lob, Kritik oder eine Frage durchs Internet flitzen. Dialog kommt bei Kunden gut an. Konzernmitarbeiter sind da meist sehr vorsichtig. Einige schreiben extra dick und fett, dass sie im Internet privat unterwegs sind und hier nur für sich selbst reden. Andere verantworten zwar Accounts, also Twitter-, Facebook- oder Google+-Seiten, haben aber selbst keine Affinität dazu. Ich finde, das merkt man recht schnell an der Art der meist sehr vorsichtigen Kommunikation.

Dialog kommt bei Kunden gut an

Sonja wirkt nicht vorsichtig. Es sieht nicht so aus, als würde sie drei Stunden über jeder Nachricht brüten. Sie scheint auch nicht auf einer Trennung von privat und Unternehmen zu beharren. Als Frau Onk ist sie eine Online-Einheit. Mir fällt sie positiv auf bei all den gespaltenen Persönlichkeiten, die hier privat und dort ganz anders beruflich unterwegs sind. Da gibt es zum Beispiel Lehrer, die eine geheime Identität im Internet haben. Ich googele die Namen. Der eine fotografiert Eidechsen und Ameisen. Oder Karriereberater, die

Gespaltene Persönlichkeiten im Internet

in ihrem offenbar echten Leben Bronzebüsten verkaufen und Astrologieberatung machen. Die sind nicht strategisch an das Thema Career Branding rangegangen – und sind ein schlechtes Vorbild für ihre Kunden.

Ich denke an Jeff Bezos von Amazon, ein Mann der in Jahrzehnten denkt. Man muss nicht Bezos sein, um zu ahnen, dass jeder Schritt im Internet auf lange Sicht, vielleicht sogar ewig, nachvollziehbar bleibt. Viele sind nicht internetaffin genug, nicht weitblickend, nicht digitalisiert genug, um sich eine zweite Identität zuzulegen und zu gestalten. Frau Onk ist eine Ausnahme, sie bewegt sich wirklich souverän im Internet.

Frau Onk *Ich bin nicht die einzige, die Frau Onk wohlwollend beobachtet. Auch eine große Agentur mit Sitz in Wiesbaden, Carat Deutschland, wird auf sie aufmerksam. Sie bemerkt die Qualität, die in dieser Frau Onk und den vielen Erfahrungen der Werbefachfrau liegt. Später unterhalte ich mich mit Sonja über Privatheit im Beruf und den Unsinn, Accounts zu trennen. Sonja sagt, sie sei im Beruf nicht anders als sonst. Aber sie würde auch nicht alles twittern oder veröffentlichen. Ihr sei jederzeit bewusst, was sie sagt, schreibt und zeigt. »Man hat es ja in der Hand«, sagt sie. Deshalb hat sie auch kein Problem damit, dass ihr richtiger Name in diesem Buch steht.*

Der Agentur Carat geht es um etwas anderes: Man muss zueinander passen und gemeinsam das Unternehmen voranbringen können. Carat bietet Frau Onk alles, was für sie Sinn im Job stiftet: Die Möglichkeit, ihre Position aufzubauen und mitzugestalten, und flache Hierarchien. »Wir unterhielten uns einfach ganz entspannt. Sie erzählten viel von sich«, berichtet Sonja. »Ich hätte dieses Unternehmen nie gefunden.« Sie findet, das sei das Tolle am Internet: Man wird von den richtigen Leuten gefunden.

Otto war ihr zu konzernig. Sie sieht das ganz nüchtern. »Es ist ein tolles Unternehmen, aber es passt nicht zu mir. Ich bin ein anderer Typ.« Sonja bekommt bei Carat, was sie sich inhaltlich wünscht. Ein neuer Posten wird für sie geschaffen als »Director Digital Consulting« im Digital Competence Team. In diesem Bereich gibt es noch nichts, das ist Pionierarbeit. Sonja traut sich das zu. Und das Unternehmen ebenso, weil es ja selbst sieht, was sie bisher geleistet hat.

Wir leben in einer Zeit, in der die »Marke Ich« wichtiger ist als je zuvor – und Personenmarketing zum Teil der Karriereplanung wird. »Wer bin ich für die anderen? Was sollen andere von mir sehen?« Sichtbarkeit und Wiedererkennbarkeit sind mit Erfolg eng verzahnt, vor allem in Bereichen, in denen es direkt oder indirekt auch um Kommunikation geht. Coachs, IT-Experten, Berater, Journalisten, PR-Profis, Marketinggurus, Kreative, Wissenschaftler: Viele haben sich auch über das Internet einen Namen gemacht, manche konnten darüber sogar direkt Jobs ergattern.

Die »Marke Ich« – wichtiger denn je

Quereinstiege gelangen schon immer, wenn genügend Kontakte da waren, also Menschen, die bereit waren zu sagen: »Mit dem probiere ich es, auch wenn er keine Branchenerfahrung hat.« Heute gelingen Quereinstiege auch dank Internet. Karrierebibel-Betreiber Jochen Mai hat seine Social-Media-Karriere aufgrund seiner Interneterfolge gemacht, nicht wegen seiner Ausbildung als Redakteur und Journalist. Viele andere haben durch Blogs Expertise aufgebaut, die ihnen hilft, Kompetenz zu belegen, die der Lebenslauf nicht zeigt. Das ist kein Weg für jeden, denn die Zeiten des Aufbaus sind vorbei. Aber auch für das Neue, das fraglos kommen wird, gilt wie für jedes Engagement: Es verlangt jahrelanges und diszipliniertes Investment in die eigene Zeit – oft ohne einen einzigen Euro zurückzubekommen. Auf so etwas lassen sich nur sehr zielgerichtete und selbstmotivierte Personen ein.

Quereinstieg dank Internet

Manche Menschen finden einen solchen Profilaufbau im Internet nicht attraktiv, weil der Erfolg für sie nicht sicher ist. Sie wollen eine Art Garantie, dass sich Einsatz lohnt. Aber das ist wie mit dem Tagesgeld: Wer auf Nummer sicher geht, bekommt nur eine kleine Verzinsung, wenn überhaupt.

Wie Sie Ihre Karrieremarke mit dem Internet aufbauen

Fangen Sie klein an, Sie müssen nicht gleich eine Riesenpräsenz aufbauen. Es kann auch ein einfaches Profil in einem sozialen Netzwerk sein. Aber das ist es nicht allein. Sie sind auch anderswo sichtbar, oft ohne es zu wissen!

Klein anfangen statt Riesenpräsenz

Beginnen Sie, sich die Dinge, die Sie online tun, in jedem Moment bewusst zu machen. Das kann ich vor allem den Lesern raten, die nicht aus der Ingenieur- oder IT-Branche kommen, wo das Bewusstsein für Datenschutz und Internetauftritt von Haus aus vorhanden ist. Die Facebook-Like-Kästen zeichnen etwa Ihr gesamtes Internetverhalten auf, ähnlich sieht es aus mit Googel+. Man wird Ihre Klicks rückverfolgen können. Wähnen Sie sich nie sicher.

Die Europäische Kommission definierte schon vor Jahren »digitale Kompetenz« als Schlüssel zur Zukunft. Leider ist diese immer noch unterentwickelt. Es finden sich E-Mail-Adressen wie »Zuckerschnute1987« oder Facebook-Seiten von »Mandymania«, deren Urheber mit wenigen Klicks identifizierbar sind. Googelt man Namen, so findet man Einträge, die kein professionelles Bild ergeben. Oder man sieht Menschen in Facebook-Like-Kästen zwielichtiger und imageschädigender Webseiten wieder.

Erwerben Sie digitale Kompetenz

Machen Sie es besser: Fragen Sie sich zunächst, womit Sie im Internet wahrgenommen werden wollen – und wo Sie in Erscheinung treten und wo nicht. Das kann auch etwas Privates sein, denken Sie an Sonja und ihre Fotos. Aber es sollte etwas sein, das sich harmonisch in Ihr im Internet sichtbares Bild einfügt und zu Ihrem Profil passt. Für Intellektuelle ist »Bild online« vielleicht nicht die ideale Plattform für ihre Kommentare, wohl aber die »Zeit« und die »FAZ«, noch mehr jedoch hochwertige und sehr spezielle Blogs.

Wenn Sie für sich sagen, dass jeder wissen darf, dass Sie sich für Plus-Size-Mode interessieren, können Sie unbedenklich Fan werden. Wollen Sie das nicht, vermeiden Sie es, auf »like« bei entsprechenden

Angeboten zu klicken. Wer sich nicht sicher ist, lässt am besten ganz die Finger davon.

Zeigen Sie sich nur in Zusammenhang mit Themen und Menschen, die Ihre »Karrieremarke« stützen. Bedenken Sie aber auch, dass Sie alles, was Sie im Internet darstellt, beeinflussen können. Verändern Sie sich, überlagern Sie alte Informationen mit neuen: neue Fotos, neue Profile in den sozialen Netzwerken, neue Einträge in Foren. So rutschen auch unliebsame Einträge nach hinten, etwa der unbedachte Kommentar in der Astrologiebörse.

Career Branding schon vor der Jobsuche beginnen

Noch ein wichtiger Hinweis: Fangen Sie mit Ihren Career Branding- und Internetaktivitäten nicht erst an, wenn Sie auf Jobsuche sind. Dann ist es nämlich schon zu spät.

Gestalten Sie Ihre Karrieremarke

Sonja hat etwas getan, was man früher nicht machte: Sie gab eine Konzernstellung auf, um in einem kleineren Unternehmen zu arbeiten. Spielregel gebrochen und neu definiert. War das schlecht für ihre Karrieremarke? Absolut nicht, im Gegenteil.

Karriereziele werden individueller. Das ist bei den allermeisten Menschen so, die ich berate. Es gibt immer weniger Funktionen, die zugleich »Beruf« sind. Der gleiche Job kann in verschiedenen Unternehmen die verschiedensten Bezeichnungen haben. Er ist einem Bereich zugeordnet oder dem Stab, vielleicht ist es auch eine Schnittstelle oder eine Projekttätigkeit. Immer mehr Menschen arbeiten im Laufe ihres Lebens in ganz verschiedenen Positionen, die nicht unbedingt hierarchisch aufeinander aufbauen. Es sind vielmehr die Themen, die von einem Job in den nächsten führen.

Markus *Letztes Jahr habe ich Markus beraten, der einige Jahre im Vertrieb, einige Jahre im Finanzbereich, später in der Compliance und dann im Risk Management gearbeitet hat. Auch für Produktmanagement war er zustän-*

dig gewesen. Auf den ersten Blick wirkt das reichlich bunt, auf den zweiten gibt es viele Verbindungsfäden – man muss sie nur im Thema und/oder der Persönlichkeit suchen. Markus hatte immer mit Abrechnungssystemen im Gesundheitswesen zu tun gehabt. Außerdem ist er eine sehr anpassungsfähige Persönlichkeit, kann Themen klar kommunizieren und so durchsetzen, dass er am Ende bei den Kollegen immer noch beliebt ist.

In der Mitte seines Karrierequadrats stand deshalb nicht »Leiter Controlling« oder »Compliance Manager«. Wir schrieben vielmehr »Schnittstelle, direkt der Geschäftsführung unterstellt. Zentrale Aufgabe: Neue Themen installieren und durchsetzen.« Die Stelle, die Markus schließlich angeboten wurde, war auf ihn zugeschnitten, aber wie sie heißt …? Ich erinnere mich nicht einmal.

Das frühere »tätig als« hat sich in vielen Bereichen überholt, da es immer weniger aussagekräftig ist. Lebensläufe werden mehr und mehr zu Portfolios, die Erfahrungen dokumentieren und zu einem sinnvollen Ganzen fügen. Der klassische chronologische Lebenslauf wird dem selten gerecht, vielmehr ist es immer wichtiger, die passenden Lebenslaufbausteine auszuwählen und ansprechend zu verpacken.

Viele bunte Fäden statt ein roter Faden

Ich kenne eine wachsende Zahl an Unternehmen und Personalberatern, die auf die besonderen Erfahrungen und persönlichen Kompetenzen einer Person schauen und nicht auf deren frühere Funktionen. Sie wissen, dass es nicht um einen roten, sondern mehr und mehr um bunte Fäden geht, die ein berufliches Profil verbinden und ausmachen. Die – nicht leichte – Kunst ist, diese in der Bewerbung so darzulegen, dass das Profil verständlich und klar wird und die Karrieremarke schnell erfasst werden kann.

Karrieremarke auf einen Blick

Ich empfehle dazu, den Lebenslauf wie ein Dossier aufzubauen. Neben dem eigentlichen Curriculum Vitae (CV) kann es auch andere Teile geben, Projektlisten etwa oder Arbeitsbeispiele. Für die Karrieremarke besonders wichtig ist eine Übersichtsseite, die Sie mit »Auf einen Blick« betiteln können. Hier können Sie fünf bis sieben Aspekte beschreiben, die Ihre Karrieremarke auf den Punkt bringen. Schreiben Sie möglichst prägnant und mit Begriffen, die andere nicht benutzen. Das macht Markenbildung schließlich aus.

Welche Begriffe man besser nicht verwendet, veröffentlicht jährlich LinkedIn mit seinen »Buzzwords«. Zuletzt führten folgende Wörter die Liste an:

- verantwortlich (für)
- strategisch
- kreativ
- effektiv
- belastbar
- Experte (für)
- organisiert
- engagiert
- innovativ
- analytisch

Begriff	Alternativen
verantwortlich (für)	Komplett weglassen
strategisch	Controllingsystem aufgebaut, Entwicklungen frühzeitig integriert und XY aufgebaut
kreativ	Innovationspreis gewonnen, neues Format etabliert
effektiv	Einsparungen von mehr als 30 Prozent pro Jahr erreicht
belastbar	Projekt unter Zeitdruck realisiert
Experte (für)	mehr als 10 000 Stunden in Java programmiert
organisiert	so geplant, dass mir noch nie ein Detail entgangen ist
engagiert	aus vollem Herzen für das Thema begeistert
innovativ	Ich habe neue Entwicklungen immer verfolgt und in meine Arbeit integriert
analytisch	Konzentrierter Prozessoptimierer, der Zusammenhänge schnell erfasst

Dies waren einige Vorschläge, wie man das Gemeinte anders ausdrücken kann. Aber schreiben Sie bitte nicht einfach ab, sondern denken Sie selbst.

STRATEGIE 6:
ERFINDEN SIE SICH RECHTZEITIG NEU

Nicht immer läuft die Karriere glatt. Denn Sie haben gar nicht alles in der Hand. Branchen und Berufe sowie die Konjunktur und die Nachfrage ändern sich. Deshalb kann es Zeiten geben, in denen Sie beruflich nicht sofort wieder Anschluss finden. Doch genau das können wunderbare Übergänge zu etwas Neuem und tolle Nahtstellen sein! Die Kunst, sich immer wieder neu zu erfinden und Lücken gekonnt zu nutzen, ist eine ganz wichtige Karrierestrategie. Um diese geht es jetzt.

Überbrücken Sie Lücken, indem Sie sich Jobs selbst backen

***Peter** ist ein studierter Forstwirt. Schon während des Studiums spezialisierte er sich auf Nachhaltigkeit. In meinem Büro hängen zwei farbenfrohe Fotos von ihm. Fotografieren ist seine Leidenschaft. Nach dem Studium war Peter Berater für Nachhaltigkeit bei einer Unternehmensberatung. Später wechselte er zu einem Konzern, einem der Vorreiter im Handel für Corporate Social Responsibility (CSR). Als er den Job verlor, gab es keine adäquaten Stellen. Überall waren nur niedriger qualifizierte Positionen ausgeschrieben.*

Dieses Problem haben viele Bewerber, die auf relativ neue Themen setzen. Es gibt Jobs, aber nur wenige Arbeitgeber, die die tiefgehende Erfahrung brauchen, die man besitzt. Früher gab es das Problem im Online-Marketing und aktuell sehe ich es im Social-Media-Bereich. Zu hoch qualifizierte Personen stellen Firmen noch seltener ein als zu niedrig qualifizierte. Oft ist es auch so, dass Bewerber zu speziell aufgestellt sind, was auf das Gleiche hinausläuft: Sie sind überqualifiziert.

Die Reihenfolge, in der sich neue, karriererelevante Themen etablieren, ist immer ähnlich:

1. Erst entsteht etwas Neues in der Wissenschaft und/oder der Praxis (Nachhaltigkeit begann in der Wissenschaft, Online-Marketing in der Praxis).
2. Dann kommt es in Agenturen oder Unternehmensberatungen an.
3. Schließlich wandert es, oft lange Zeit später, in die großen Konzerne, vor allem in die, die die höchste Notwendigkeit und den größten Öffentlichkeitsdruck haben.
4. Dann etabliert sich das Neue nach und nach im Mittelstand.

Peter *Bei Peters Thema »CSR« ist gerade Stufe 3 erreicht, Stufe 4 steht bevor. Peter führte viele Gespräche mit Unternehmen. Das Ergebnis war stets das gleiche: »Superinteressant und ein absolut wichtiges Thema, aber leider können wir keine Stelle dafür einrichten. Es wäre eher ein Projekt, ein zeitbegrenzter Auftrag.« Dieser Einwand kam so oft, dass es Peter mehr ermutigte als demotivierte. Und so entschied er sich, sich als freiberuflicher Unternehmensberater selbstständig zu machen.*

»Intelligentes Leben jenseits der Festanstellung« wird normal werden, schreibt die bereits zitierte Studie des Fraunhofer Instituts »Zukunft der Arbeit«. Ich möchte hinzufügen: auch zeitweise und für einen Übergang. Selbstständigkeit ist immer seltener eine Entscheidung fürs Leben.

Freiberuflichkeit ist verstärkt gefragt

Dass der Bedarf an freiberuflicher – und hier meine ich vor allem projektbezogener – Mitarbeit so stark zunimmt, liegt daran, dass bestimmte Themen nur übergangsweise aktuell sind. Im IT-Bereich ist das extrem verbreitet: Viele finden freiberufliche Tätigkeiten im Vergleich zur Festanstellung dermaßen attraktiv, dass sie einen »richtigen« Arbeitsvertrag ablehnen. Manche rechnen auch knallhart: Lohnt es sich mehr, angestellt zu sein, oder ist ein Projektvertrag lukrativer? Wer es gewohnt ist, monate- und jahrelang ausgelastet zu sein und mehr als 600 Euro am Tag zu verdienen, sagt oft: »Ich nehme den freien Projekt- oder Beratervertrag.«

In den USA und in Japan sind bereits 30 Prozent aller Menschen freiberuflich tätig, vielfach sind es »Überzeugungstäter«. Alle Experten sagen: Es wird immer normaler werden, dass es Menschen im Unternehmen gibt und solche, die ihm flexibel zuarbeiten. Diese Menschen außerhalb des Unternehmens sind oft firm in Spezialgebieten, während die Menschen innerhalb vor allem begabte Kommunikations- und Organisationsschnittstellen sind. Ein Mitarbeiter im Unternehmen braucht ergo letztendlich weniger spezielles Tiefen-Know-how als einer außerhalb – dafür mehr persönliche und methodische Kompetenzen.

Viele Menschen glauben – wie auch Peter –, nicht für die Selbstständigkeit geboren zu sein, was oft daran liegt, dass es innerhalb der

Herkunftsfamilie bisher keine Selbstständigen gab. So ist bewiesen, dass Kinder von Unternehmern eher das Risiko einer Gründung eingehen als Kinder von Angestellten oder Arbeitern. Die Einstellung und Erfahrung spielen eine zentrale Rolle. Und die verändern sich aufgrund des Erlebten und der Rahmenbedingungen.

Keine Selbstständigen in der Familie

Peter *hat die Kooperation mit einer Partnerin gesucht, die viele Kontakte und Erfahrung aus angrenzenden Bereichen mitbrachte und bereits etabliert war. Für zwei Jahre arbeitete er als Geschäftsführer. So kam er auch gleich zu einem kleinen Team mit drei Mitarbeitern. »Auf die Idee, mich selbstständig zu machen, wäre ich früher sicher nie gekommen«, sagt er.*

Peter war drei Jahre selbstständig. Dann hatte sich der Markt wieder gedreht. Dass er nun neue Erfahrungen im Mittelstand dazugewonnen hatte, war für die Unternehmen, bei denen er sich vorstellte, ein großer Pluspunkt. Schließlich bekam er eine sehr interessante, hochrangige Position in Süddeutschland. Hier darf er richtig aufbauen und gestalten. »Ohne meine selbstständige Phase hätte ich diesen Job nie bekommen. Und vor drei Jahren hätte es diesen Job auch noch gar nicht gegeben.«

Interview mit Dr. Jan. C. Rode

Dr. Jan C. Rode (www.der-medienlotse.de) ist glücklich als Solounternehmer. Das müsse nicht immer so bleiben, sagt er. Aber gerade sei es gut so. Damit trifft er ein Lebensgefühl, wie es mir oft begegnet.

Wer bist du und was machst du?

Mein Name ist Dr. Jan C. Rode und als »Der Medienlotse« helfe ich meinen Kunden, dass sie im Digitalen nicht den Überblick verlieren. Konkret bedeutet dies, dass ich als Digitalberater mit ihnen gemeinsam die Möglichkeiten neuer Medienformate erkunde und in Kampagnen – beispielsweise zur Verbesserung des Images oder der Rekrutierung von Mitarbeitern – übersetze. Den Kern der Botschaften lege ich mit Methoden und Erkenntnissen aus dem Storytelling frei und sorge neben der strategischen Konzeption auch dafür, dass diese im digitalen Umfeld gefunden und weitergetragen werden.

Darüber hinaus bin ich auch immer wieder als Journalist und Redakteur gefragt. So kann ich regelmäßig über den eigenen Tellerrand schauen und bin stets über die neuesten Entwicklungen im Tech- und Mobile-Bereich informiert. Als Dozent an diversen privaten Hochschulen gebe ich gerne mein Wissen aus den Bereichen Marketing und Management weiter und erarbeite mit Studierenden Konzeptionen für Organisationen, Marken und Unternehmen.

Erzähl von deinen Erfahrungen in der Arbeitswelt!

Schon parallel zu meiner Promotion habe ich erste Erfahrungen in Kommunikations-Agenturen und auf Unternehmensseite gesammelt. Später noch habe ich bei einem Start-up aus dem Finanzbereich die Presseabteilung aufgebaut.

Dazwischen lagen teilweise immer wieder Phasen mit vielen Bewerbungen und nur sehr wenigen Einladungen zu Gesprächen. Ich hatte den Eindruck, als promovierter Geisteswissenschaftler eine Art Stempel bekommen zu haben. Es gibt kaum Unternehmen, die wirklich auf Potenziale setzen, viele gehen einfach nur auf Nummer sicher.
Mich hat es auch nie lange bei meinen jeweiligen Arbeitgebern gehalten. Ob das nun an den Strukturen, meiner Ungeduld oder privaten Entwicklungen lag, sei mal dahingestellt. Ich denke schon, dass ich bei vielen mit meiner Promotion eher angeeckt bin und diese mir karrieremäßig eher Nachteile gebracht hat. Man stellt einen Promovierten nicht so gern als Junior ein.

Warum lohnt es sich, selbstständig zu sein?

Während ich auf dem klassischen Bewerbungsweg eher weniger Erfolg hatte, bekomme ich als »Der Medienlotse« immer wieder interessante Projektvorschläge. Darüber hinaus komme ich nach drei Jahren als Selbstständiger auch immer mehr dazu, mir meine Kunden aussuchen zu können, und muss nicht mehr alle Aufträge annehmen. Mein Leben ist dadurch viel flexibler und interessanter geworden. Die damit einhergehenden Risiken bezüglich Altersvorsorge et cetera sehe ich eher sportlich. Ich gehe sowieso davon aus, so lange arbeiten zu wollen, wie es mir Spaß macht und mich Kunden buchen.

Ich kann aber auch nicht ausschließen, bei einem guten Angebot mal wieder fest bei einer Firma zu arbeiten. Immerhin weiß ich jetzt, dass ich es auch allein schaffen kann. Als Selbstständiger kann ich meinen Interessen freien Lauf lassen und meinen Interessen frönen. Das ist als Festangestellter schon schwieriger, hier ist man meist auf Fach oder Position festgelegt. Bei mir ist es aber durchaus schon vorgekommen, dass aus reinen Neugier-Terminen schon wertvolle Kontakte oder gar Aufträge geworden sind.

Hast du das schon immer vorgehabt?

Nein, denn von zu Hause bin ich völlig anders sozialisiert, hier gab es auch keine entsprechenden Vorbilder. Am meisten lernt man sowieso im Feld, in der Praxis. Auch ist mir das Thema Gründung nie im Schul- oder Universitätskontext begegnet. Vielleicht wäre ich sonst schon früher auf den Geschmack gekommen.

Es ist besser, etwas Neues aufzubauen, als auf einen Job zu warten, den es (derzeit) nicht gibt. Die Übergänge von einem zum anderen Job werden vor allem bei den hoch qualifizierten Menschen immer länger. Es kann ein, zwei Jahre dauern, bis man etwas Adäquates findet. Das gilt sogar für IT-Fachkräfte – schon allein weil sich Auswahlverfahren über Monate hinziehen können. Ein Jahr Suche schadet der Karriere nicht, jedoch sollten Sie handeln, wenn es länger dauert. Interimsmanagement kann neben Selbstständigkeit auch eine Alternative sein – die, wie das Beispiel von Peter zeigt, Ihre Karriere sogar beflügeln kann.

Ein Jahr Jobsuche schadet nicht

Manchmal ist Selbstständigkeit auch eine folgerichtige Entscheidung, die in einigen Branchen näher liegt als in anderen. Es gibt nun mal wenig angestellte Jobs für Journalisten, Grafiker, Illustratoren, Modedesigner und so weiter. Wer sich darauf einlässt, weiß das – vernachlässigt aber oft viel zu lange sein unternehmerisches Denken.

Fragen Sie sich, egal ob Selbstständigkeit aktuell für Sie ein Thema ist oder nicht (es könnte eines werden):

- Was könnten Sie einem Unternehmen als Selbstständiger anbieten?
- Welche Aufgaben eines Selbstständigen würden Ihnen leichtfallen? Ideen entwickeln? Verkaufen? Sich bekannt machen? Mitarbeiter führen?
- Und welche würden Ihnen schwerfallen?

Den Gedanken an Selbstständigkeit reifen lassen

Schreiben Sie Ideen für Ihre Selbstständigkeit auf und denken Sie immer wieder darüber nach, wie Sie sie marktgerecht realisieren könnten. Suchen Sie Begegnungen mit Menschen, die etwas gemacht haben, was Sie sich auch vorstellen könnten. Wie könnten Sie jetzt schon mal üben? Tragen Sie den Gedanken an die mögliche Selbstständigkeit mit sich herum, legen Sie ihn in eine Art virtuelle Ideen-Tasche und erinnern Sie sich manchmal daran. Auf diese Weise kann er in Ruhe reifen.

Irgendwann fügt sich eines zum anderen. Dann sind Sie gewappnet – weil sie derzeit keine festangestellte Alternative auf einem entsprechenden Niveau haben oder weil Sie es inzwischen wollen. Spätestens wenn Sie eine durchschlagende Idee haben, sollten Sie konkret nachdenken. Der Gründer von MyParfum.de hatte eine Diplomatenkarriere vor Augen, als ihm einfiel, dass individuelle Parfums den Markt revolutionieren könnten – was sie auch taten.

Packen Sie es heute noch an!

Wenn eine Karriere nicht mehr nur dem Aufstieg und der Existenzsicherung dient, wird es manchmal kompliziert. Im Grunde würde man gern auf die Suche gehen, um die aktuelle Situation zu verbessern, aber die Vernunft hält einen davon ab. Vielleicht klingt auch die Stimme der Eltern durch. Oder diffuse Ängste.

Lisa *ist todunglücklich in ihrem Bürojob.*

Lisa: »Ich wollte immer Physiotherapeutin werden.«

Ich: »Sie sind 32. Das ist nicht zu spät.«

Lisa: »Doch, ich bin zu alt und habe kein Geld.«

Ich: »Man findet immer einen Weg.«

Lisa: »Ach, das ist mir zu anstrengend.«

Nichts zu tun, ist eben auch bequem. Man kann dann so schön den Umständen die Schuld geben.

Lena *hat ihren langweiligen Job als Sekretärin an den Nagel gehängt und will jetzt Physiotherapeutin werden.*

Ich: »Toll, da wünsche ich viel Glück! «

Lena: »Keine Ahnung, wie ich das finanziere, aber irgendwie wird es gehen.«

Ich: »Man findet immer einen Weg.«

Lena: »Ja, davon bin ich überzeugt.«

Wer eine selbstgesteuerte Karriere, wie ich sie in diesem Buch vorstelle, machen möchte – und sich nicht fremdsteuern lassen will –, ist für sich selbst verantwortlich und delegiert die Verantwortung nicht an seinen Arbeitgeber.

Selbstgesteuerte Karriere statt Fremdsteuerung

Reden Sie nicht, sondern handeln Sie. Mit »Ich könnte/würde/wollte« beginnen wertlose Aussagen. Sie könnten in einem anderen Unternehmen Ihre Karrierepotenziale besser nutzen? Schön, aber dann gehen Sie es an. Sie könnten zum Beispiel einen Roman schreiben? Auch gut, das interessiert aber erst, wenn Sie 200 Seiten geschrieben haben. Sonst bleibt es nicht mehr als ein Lippenbekenntnis.

Von 100 Menschen wollen gefühlte 90 ein Buch schreiben. Wer wird sein Bestes geben, obwohl er nicht weiß, ob sich das je rentieren wird? Wer wird bereit sein, sich jahrelang trotz Lesungen mit nur zwei bis drei Zuhörern selbst zu motivieren und den Verkauf langsam von einigen Dutzend auf mehrere Hundert zu steigern, um dann (vielleicht) von einem Verlag entdeckt zu werden und einen Bestseller zu landen? So wie die Krimiautorin Nele Neuhaus es gemacht hat? Kaum jemand. So wie auch kaum jemand trotz Leseschwäche eine Schülerzeitung vertreiben und einen Verlag gründen würde, wie der Legastheniker Richard Branson.

Wenn Sie sich also mit dem Gedanken anfreunden wollen, dass es für Sie sowieso keine Karriere gibt, tun Sie am besten nichts. Das ist der sichere Weg dafür: Viel über seine Vorhaben reden, aber nichts unternehmen. Sie gewöhnen sich dann daran und auch Ihre Freunde passen ihre Wahrnehmung an. »Der redet sowieso nur«, denken die dann. Und Sie nehmen sich selbst irgendwann auch nicht mehr ernst, wenn Sie Ihre Pläne immer weiter verschieben.

Stellen Sie sich vor, Sie stehen vor einer Brücke in zehn Metern Höhe. Sie müssen nur darüber gehen. Ein erster Schritt braucht manchmal nur einen kleinen Anstoß – nichts als Willenskraft: »Das mache ich jetzt.« Je öfter Sie »Das mache ich jetzt« denken und im Anschluss auch handeln, desto wahrscheinlicher ist es, dass Sie es tun. Es bilden sich neue neuronale Verbindungen im Kopf und mit ihnen wächst die Über-

Willenskraft für den ersten Schritt

zeugung. Umgekehrt wachsen mit dem Jammern und Zurückschauen ebenfalls Verbindungen – irgendwann bekommen Sie diese nicht mehr aus Ihrem Kopf. Manchmal reicht ein kleiner Schritt, der alles ins Rollen bringt.

Vera *war einige Jahre als Shopmanagerin im E-Commerce tätig gewesen. Das war nicht das Richtige für sie, sie fühlte sich überfordert und mochte die Tätigkeit nicht. Stattdessen träumte sie davon, einmal auf einem Biohof zu arbeiten und in einem kleinen Bioladen Produkte zu verkaufen. Dafür wollte sie sich selbstständig machen, obwohl sie große Angst vor dem Risiko hatte. Gemeinsam erarbeiteten wir einen kleinen Schritt hin zum Traum. Das sollte ein längerer Arbeitsaufenthalt in Italien sein: Um das Arbeiten mit Bioprodukten kennen zu lernen und Kontakte zu knüpfen.*

Als sie dann in der brütenden Sommerhitze Italiens zwischen Mücken und Tomaten ackerte und schwitzte, wurde ihr klar, dass sie sich ganz schön geirrt hatte, was die bäuerliche Arbeit betraf. Es machte noch weniger Spaß als der E-Commerce! Der Biobauernhof stach eine Nadel in ihren luftgefüllten Traum und ließ ihn platzen. Was sie sonst nie erkannt hätte, merkte sie jetzt: Sie suchte keine körperliche Arbeit, sondern Ruhe und Sauberkeit. Das war eine ganz wichtige Erkenntnis.

Heute arbeitet sie als Repräsentantin für Gartenmöbel. Inzwischen entwirft sie nebenberuflich eigene Stücke und hat schon erste Erfolge erzielen können. Für die Stelle hätte sie sich nie beworben, wäre da nicht ihr Ausflug nach Italien gewesen. Auf den ersten Blick, im direkten Rückblick, hat der aktive Handlungsschritt einen Traum zerplatzen lassen, auf den zweiten hat er eine wirklich große Veränderung erst möglich gemacht. Nur anders als gedacht.

Thomas *Im Unterschied zu Vera hatte Thomas keinen konkreten Traum. Er ist Geigenbauer. Um seinen Beruf, der ein wirklich kreatives Handwerk ist, beneiden ihn viele. Aber der Geigenbau war nicht sein Glück. Für ihn ist es ein einsamer Job jenseits enger menschlicher Beziehungen. Man muss sehr genau sein und viel für sich allein in der Werkstatt sein. Thomas aber ist extravertiert und liebt es, etwas mit anderen Menschen zu unternehmen. Übermäßig genau ist er auch nicht.*

So entschied er sich, seine Werkstatt zu verkaufen. Er fand einen Nachfolger und vereinbarte eine Übergangsfrist, in der er noch zwei Tage die Woche arbeitete und der Nachfolger drei Tage. Auf diese Weise hatte er die finanziellen Mittel zur Neuorientierung. Dann fing er an, sich Karrierealternativen zu erschließen. Zwei Jahre hat er sich dafür Zeit genommen, die hatte er von Anfang an eingeplant. Er hat mit ganz vielen Menschen in unterschiedlichen Jobs gesprochen und mehrere Praktika absolviert. Etwas Soziales? Gesundheitswesen? Lehrer? Out-of-the-box-Denken und alles als Option zulassen war der erste Schritt. Schließlich entschied er sich, eine Lehre als Erzieher zu machen. Seine Musikalität wurde zum Vorteil, als er eine Stelle in einem Musikkindergarten fand. Wahrscheinlich wird er irgendwann ein Musikpädagogikstudium anschließen. Manchmal muss man seine Karriere eben mit System neu erfinden.

Jede Neuorientierung beginnt mit einem ersten Schritt. Ob sie gelingt, hängt aber auch noch von anderen Faktoren ab. Ein stabiles Privatleben ist sehr hilfreich, ein finanzielles Polster ebenso. Allzu viele Polster sind allerdings auch hinderlich. Ich habe einige Menschen getroffen, die in ihrem Reihenhaus gefangen waren oder ihr Erspartes nicht ausgeben wollten. Das Reihenhaus-Gefängnis hindert besonders Männer, die eine Familie gegründet haben, sich Karriereträume zu verwirklichen, die auf geringeren Einnahmen bauen. Veränderung scheint nicht mehr möglich, wenn Raten abgezahlt werden müssen und diese auf Basis eines bestimmten Gehalts kalkuliert worden sind. Man hat sich in die Abhängigkeit eines bestimmten finanziellen Niveaus begeben und damit die eigene freie Berufs- und Jobwahl beschnitten.

Gefangen in einem unangemessenen Gehalt

Es gibt nicht wenige Menschen, die in Konzernen 50 Prozent von dem leisten, was sie könnten, aber 200 Prozent von dem verdienen, was sie bei einer neuen Bewerbung erzielen könnten. Sie haben scheinbar einen Treffer im Karrierelotto, sind geradezu unkündbar. Ist das Karriere? Das ist eher Gefangenschaft in einem unangemessenen Gehalt.

Bauen Sie Ihren Lebensstandard nie auf einem Gehaltsniveau auf, das Sie womöglich nicht Ihr Leben lang halten können – und wollen.

Wer eine Karriere mit System macht, sollte sich immer darauf einstellen, dass es Phasen mit besserem und Phasen mit schlechterem Verdienst geben wird.

Lena und Lisa wollen das Gleiche, aber könnten unterschiedlicher nicht sein. Nun raten Sie mal, wer heute glücklich ist und wer sich ewig grämt und weiter den Umständen die Schuld gibt? Das, was beide Frauen trennt, ist ihre Einstellung. Der einen fehlt Mut, die andere hat ihn. Ich wünschte, die Menschen würden in jeder Umbruchphase – nach dem Schulabschluss genauso wie in der Lebensmitte – mehr Mut haben. Denn während meine Mutter, die Krankenschwester werden musste, noch das Schicksal als bestimmend verdammen kann, müssen Sie nicht Ihr Leben lang damit klarkommen, fremdbestimmte Berufsentscheidungen getroffen zu haben. Sie haben es in der Hand. Und wenn Sie es gestern nicht hatten, dann morgen.

Wie Sie aus Karrieresackgassen ausbrechen

Niemand muss sein ganzes Leben in einem miesen Job ausharren. Doch Neues bedeutet oft auch einen vorübergehenden Rückschritt oder ein anderes Opfer, wenn man beispielsweise nochmal studiert. Viele argumentieren dann, dass sie sich nicht verkleinern können. Man verändert sich doch nicht von 60 auf 30 Quadratmeter! Wirklich? Es ist mehr die Enge im Kopf, die verhindert, Wege auch mal rückwärts zu gehen. So wie Sie sich binnen Tagen an 60 Quadratmeter gewöhnt haben, werden Sie sich auch schnell in kleineren Räumen zu Hause fühlen.

Überwinden Sie die Enge im Kopf

Sie können sich Geld leihen. Sie können auch noch mit 40 Jahren in eine Wohngemeinschaft ziehen. Sie können sich, vor allem, wenn Sie vorher eine andere Berufsausbildung hatten, das Studium durch besser bezahlte Jobs finanzieren. Sie können mit Ihrem Partner vereinbaren, dass er ein paar Jahre mehr verdient. Oder das Studium mit dem Kinderkriegen verbinden. Es gibt so viele Möglichkeiten!

Stehen Sie vor einer beruflichen Veränderung, so fragen Sie sich zunächst, ob Sie eher wie Vera oder wie Thomas sind, also einen Traum haben oder nur wissen: »Derzeit läuft es beruflich nicht rund, ich will weg.« Ist Ihr berufliches Ziel, wie bei Thomas, noch ein unkonkretes »Weg-von«, sollten Sie es erst einmal schärfen. In so einer Situation hilft mein Karrierequadrat zur Bestandsaufnahme und Standortanalyse. Wandeln Sie die im Abschnitt »Das Karrierequadrat« formulierte Aufgabenstellung leicht ab in »Was will ich in den nächsten Job einbringen?«. Konzentrieren Sie sich also auf Eigenschaften, Kenntnisse, Erfahrungen und Kompetenzen, die Sie mitnehmen möchten, und verzichten Sie auf solche, die Ihnen nicht wichtig sind. Überlegen Sie sich dann, was in der Mitte stehen könnte. Sammeln Sie Ideen: Was machen Freunde und Bekannte, worüber haben Sie gelesen? Welche Studiengänge, Aus- oder Weiterbildungen finden Sie spannend?

Sie wissen nicht, was man mit einem bestimmten Studium, einer bestimmten Aus- oder Weiterbildung machen kann? Geben Sie die Begriffe in Jobsuchmaschinen ein, und Sie finden derzeit ausgeschriebene Jobs, die Ihnen ein Bild vermitteln. Eine gute Methode ist es auch, bei XING oder LinkedIn nach Personen zu fahnden, die das gemacht haben, was Sie vorhaben. Haben Sie bereits ein Ziel vor Augen, können Sie auch nach Positionen suchen – und sich dann ansehen, wie die einzelnen Personen da hingekommen sind. Angenommen, Sie wollten Innovationsmanager werden: Geben Sie in »Position jetzt« bei XING »Innovationsmanager« ein. So finden Sie Studiengänge und typische und untypische Wege dorthin, die für Sie sehr aufschlussreich sein können.

Vergessen Sie auch nie, was Sie bisher schon erreicht haben. Mit Berufs- oder Lebenserfahrung haben Sie immer mehrere Brücken im Lebenslauf. Manche davon sehen Sie gar nicht. Denken Sie einmal an Thomas zurück, der zwar nicht mehr als Geigenbauer arbeiten, aber seine Musik in sein neues Leben mitnehmen wollte. Seine Musikalität erwies sich als Brücke, die ihm Türen öffnete, die sonst verschlossen geblieben wären. Auch bei Ihnen gibt es solche Brücken. Denken Sie mal darüber nach, welche es sein könnten. Ich will Ihnen nur ein paar Beispiele zur Anregung nennen:

Entdecken Sie Brücken im Lebenslauf

- Familiärer Hintergrund
- Kontakte
- Private und berufliche Erfahrungen
- Hobby oder privates Engagement
- Ehemalige Sport- oder Musikkarriere
- Regionaler Bezug
- Blog im Internet
- Persönliche Eigenschaften

***Ein Bekannter* von mir** *war Trainer einer Nationalmannschaft. Irgendwann wollte er sich mit seiner Familie niederlassen, doch an einen Job im Sport war nicht zu denken. »Der kann Leute motivieren«, stellte der Personaler einer kleinen, innovativen Firma fest, als er die Bewerbung las – und stellte ihn ein.*

Brücken liegen nicht immer nah, manchmal brauchen Sie einen Perspektivenwechsel, um sie zu sehen. Denken Sie weiter: Was kann die Brücke bei Ihnen sein? Trauen Sie sich über eigene Begrenzungen hinauszudenken. Dafür ist es sinnvoll, diese Begrenzungen sichtbar zu machen. Ist es das Geld? Oder in Wirklichkeit vielleicht doch eher die Angst vor dem Scheitern? Oft gibt es einen Grund hinter dem Grund. Vielleicht halten Sie sich selbst nicht für klug genug, vielleicht denken Sie, dass Sie generell nicht gut genug sind. Begeben Sie sich dazu in einen Dialog mit mir. Im folgenden, von Ihnen anzupassenden Dialog sind meine Fragen kursiv gesetzt. Ersetzen Sie die Antworten durch Ihre eigenen Worte. Schreiben Sie den Dialog neu.

Eigene Begrenzungen erkennen

»Weshalb zögern Sie, diesen Weg einzuschlagen?«

»Ich habe nicht genügend Disziplin und werde das Studium nicht durchhalten.«

»Weil Sie keine Disziplin haben, könnten Sie nicht studieren?«

»Ja.«

»Könnte es noch etwas anderes geben, das Sie durch das Studium bringt?«

»… Mein Interesse an dem Thema.«

»Könnte Ihnen das auch Disziplin bringen?«

»Ja … aber wenn ich Dinge lernen muss, die mich nicht interessieren, die gehören ja auch dazu …«

»Sie glauben, keine Disziplin aufzubringen, wenn Sie Dinge lernen müssen, die Sie nicht interessieren?«

»Ja.«

»Kann es einen Beweis geben, dass Sie es doch könnten?«

»Ich müsste es für einige Wochen ausprobieren.«

Was könnte Ihre persönliche Begrenzung auflösen? Wie könnten Sie sich selbst beweisen, dass Sie doch schaffen, was Sie nicht zu schaffen glauben?

Wenn es sein muss, gehen Sie zurück auf Start

»All die armen Journalisten, Designer, Fotografen, Coachs!«, rief eine Kollegin. »Was soll heutzutage aus ihnen werden? Was soll man ihnen nur raten?« Eine besondere Herausforderung sind Menschen aus Branchen, die sich radikal verändern. »Nein-Sagen können wir uns doch gar nicht leisten! Und im Vorstellungsgespräch unverschämte Fragen stellen? Liebe Frau Hofert, auf welchem Planeten leben Sie denn?!«

Auf demselben wie Sie. Dort ist die Situation oft gar nicht so verfahren, so aussichtslos, wie es scheint. Jedenfalls wenn wir uns von veralteten Karrierespielregeln verabschieden. Die seien hier nochmal auf den Punkt gebracht:

Verabschieden Sie alte Karriereregeln

- Ein Jobwechsel kommt nur mit Gehaltserhöhung infrage.
- Die Gehaltskurve muss ein Leben lang steigen.
- Der Arbeitgeber oder die Gewerkschaften sollen sich um mich kümmern.
- Für die Weiterbildung ist der Arbeitgeber verantwortlich.
- Eine Ausbildung und ein Studium absolviert man nur, wenn man noch unter 30 Jahre alt ist.
- Wer erfahren ist, weiß immer mehr als die Jungen.
- Mit über 30 muss man in einem Konzern untergekommen sein.

Keiner dieser Sätze gilt noch. Der ehemalige Zeitungskonzern Axel Spinger mutiert, als ich dieses Buch schreibe, gerade zum Digitalunternehmen. Mindestens zwei Generationen von Journalisten –

alle, die vor 2005 ausgebildet wurden – können kaum noch mithalten. Wohin sollen sie sich verändern? Lange war Public Relations ein Fluchtweg. Doch auch hier wurden die Ausbildungswege immer besser und spezieller, der immer Markt enger. Hinzu kommt, dass PR mit dem Journalismus zusammenhängt. Gibt es weniger Zeitungen und Zeitschriften, schrumpft auch der PR-Anteil. Das ist ein Fakt. Gleichzeitig herrscht in diesen Branchen ein Überangebot an Arbeitskräften. Das führt zu mehr Wettbewerb. Und harter Wettbewerb ist nichts für zarte Seelen. Also überleben entweder die, die mit harten Bandagen kämpfen, oder die, die sich den neuen Zeiten möglichst optimal anpassen. Statt in Zeitungen schreiben Journalisten heute in Blogs, statt Papier designt man heute Lernprogramme.

Damit verbunden ist meist ein höherer Anspruch an Wissen. Es reicht nicht mehr, nur schreiben zu können. Und es genügt auch nicht, mit Photoshop und InDesign schöne Layouts zu machen. Was gefragt ist, sind Schnittstellenkompetenzen. Ich habe jemanden beraten, der als Medizintexter super im Geschäft ist, und einen anderen, der Psychologie mit Design und Neuromarketing zu etwas Neuem verbindet.

Schnittstellenkompetenzen sind gefragt

Die Karrierestrategie in engen Märkten liegt also auf der Hand: Erweitern Sie Ihr Profil in eine neue Fachrichtung. Schauen Sie dabei am besten auf das, was morgen gefragt sein wird, und nicht auf das, was heute »in« ist. Dieser Fehler wird immer wieder gemacht. Deshalb ließen sich in den letzten Jahren Zehntausende zum Coach ausbilden. Dabei wird der Coach von der Stange keine Zukunft haben. Coaching ist wie Projektmanagement: Im Grunde ist es für alle von Vorteil, dieses Handwerk zu beherrschen.

Da viele immer nur aufs Jetzt schauen, sattelten Massen von Journalisten und Fotografen zum Videojournalisten um. Ich sage Ihnen, der Bedarf ist gedeckt. Schauen Sie lieber, was nach dem Video kommt. Vielleicht crossmedial verknüpfte Inhalte, die einer allein kaum noch herstellen kann.

In beengten Marktsituationen heißt es: Im Haifischbecken der stärkste Hai werden oder es verlassen. Wie der ehemalige Journalist, der Informatik studierte und heute Professor ist.

Viele alte Branchen siechen, obwohl keiner das erwartet hätte. Mein Lieblingsbeispiel, das Bestattungsgewerbe, hatte ich ja bereits erwähnt. Menschen wollen heute in den Friedwald und aufs Meer. Hundefriedhöfe sind ein Markt – aber klassische Eichensärge? So wurde viel abgebaut. Was denken Sie, wie viele Bestatter das rechtzeitig erkannt haben? Ich hatte in den letzten 10 Jahren einige bei mir. Einer arbeitet heute im sozialen Bereich, ein anderer organisiert Mittelaltermärkte.

Siechende Branchen

Nehmen wir ein weiteres Beispiel für Siechtum, die Textilbranche. Es gibt bei uns nun mal kaum noch eigene Produktionen, bestenfalls wird eine Naht in Italien zusammengefügt, um »Made in Italy« draufzuschreiben. Wer heute in der Textilbranche Karriere machen will, muss entweder international sein oder Ahnung vom E-Commerce haben, und manchmal beides. Auch hier könnte man den Verlust beklagen und diese Entwicklung verdammen – oder die Gegebenheiten nehmen, wie sie sind, und das Beste aus ihnen machen. Ich kenne eine Schneiderin, die gefragt ist, weil es kaum noch Schneiderinnen gibt, die Maßkleidung für Herren, Damen und Kinder anfertigen können.

Manchmal kann es durchaus eine Strategie sein, aus der Not eine Tugend zu machen und sterbende Gewerbe auf andere Weise wieder zum Leben zu erwecken. Nur anders als vorher – nicht in einem Großbetrieb, sondern in einer Manufaktur. Wer hier den Blick auf Trends hat, kommt leichter auf Ideen. So pfiffig wie die Textilunternehmerin Sina Trinkwalder, die »ökosoziale« Kleidung herstellt und sich dabei ganz schön clever vermarktet.

Auch klassische Branchen wie Banken und Versicherungen bieten derzeit eher Schrumpf- als Wachstumspotenzial. Die Banken leiden noch immer an der Finanzkrise. Die Versicherungsbranche krankt an den schlechten Anlagemöglichkeiten. Auch andere Branchen haben eingebaute Bremsen: Die Ölbranche ist zwar stabil, aber es gibt nicht gerade viele Konzerne, die hier als Arbeitgeber in Frage kommen, sofern man keinen weitgehend standardisierten Job wie Finanzbuchhaltung ausgeübt hat.

Hier ist oft noch nicht einmal ein Neustart nötig, sondern einfach nur ein wenig Querdenken: Wo ist ähnliches Wissen gefragt? Wo agiert eine Branche unter ähnlichen Bedingungen? Von der Ölbranche ausgehend landet man, wenn man so fragt, bei Energie. Schaut man sich einzelne Bereiche an, kann es noch spezieller werden: Krisenkommunikation ist ein großes Thema bei BP, Shell und Co. Voilà: Das könnte auch woanders gefragt sein. Wenn Sie PR für einen Ölkonzern gemacht haben, ist es vielleicht gar nicht so dumm, sich bei Verbänden zu bewerben, die eine besonders gute Krisenkommunikation brauchen. Denken Sie mal an den ADAC …

Querdenken statt Neustart

STRATEGIE 7: ENTWICKELN SIE SICH UND SORGEN SIE FÜR ABWECHSLUNG

Die letzte Strategie ist am einfachsten zu realisieren: Vermeiden Sie es, länger als drei Jahre dasselbe zu tun! Entwickeln Sie sich immer weiter. Bleiben Sie nie stehen. Dafür müssen Sie nicht mal das Unternehmen wechseln. Ideen liefert Marlene in diesem Kapitel.

Sorgen Sie für Abwechslung in Ihrer Karriere

Salvador Dalí und Gala blieben ein Leben lang verbunden. Das Geheimnis dieser langen Beziehung war … viel Abwechslung und maximaler Freiraum für jeden der beiden. Nicht nur Ehen sind stabiler, wenn sich die Partner entwickeln können, auch Arbeitsbeziehungen. In unserer schnelllebigen Zeit können diese deshalb durchaus immer noch über Jahre, ja Jahrzehnte halten. Die Zahlen des Instituts für Arbeitsmarktforschung IAB[1] besagen zwar, dass die Dauer der Betriebszugehörigkeit generell eher sinkt, jedoch gilt das weniger für Höherqualifizierte. Diese können durchaus auch mal länger bei einem Arbeitgeber bleiben. Dafür müssen nur zwei Faktoren zusammenkommen: Ein Mitarbeiter, der Veränderungen gerne mitmacht und bereit ist, sich zu wandeln. Und ein Unternehmen, das Wandel ermöglicht.

Stabile Arbeitsbeziehungen durch Entwicklung

Marlene *braucht für ihre berufliche Selbstverwirklichung keine ständigen Arbeitgeberwechsel. Sie muss sich auch nicht als Aquarellmalerin, Coach oder Sängerin selbstständig machen. Ihr Unternehmen bietet ihr einen Rahmen, der flexibel genug ist.*

Es ist nicht leicht, Menschen zu finden, die lange mit einem Arbeitgeber zufrieden sind und sich gleichzeitig immer wieder verändert haben. Über meine Facebook-Fanpage wurde ich fündig.

Ich treffe Marlene im »Klippkrog« in Hamburg. Im Sommer sitzt man hier draußen in Straßencafés. Ich habe keinen Parkplatz gefunden und komme außer Atem an. Sie trägt ein schickes, knielanges Kleid mit grafischem Muster und ihre 50 Jahre haben keine Falte in ihrem freundlichen und offenen Gesicht hinterlassen. Die blauen Augen strahlen mich an. Wir haben uns nie gesehen, aber ich weiß sofort, dass sie das sein muss. Eine stilsichere Frau! Man sieht, dass sie im Beruf erfolgreich ist. Man sieht es den Leuten meist an. Es ist die Art, wie sie sich kleiden, nicht zu auffällig, aber auch nicht unscheinbar. Es ist vor allem aber ihre Haltung. Das ist bei Männern ganz genau wie bei Frauen. Ich vermute, es würde mir nicht schwerfallen, auf einem Fußballfeld mit 100 Menschen, die den Bevölkerungsschnitt repräsentieren, die beruflich Zufriedenen herauszupicken – allein anhand ihres Auftretens.

Beruflicher Status und Äußeres stehen in einer Wechselbeziehung, das ist etwas, das sich gegenüber früher kaum geändert hat. Dieser Status durch Auftreten und Kleidung hat aber immer weniger mit Konformität zu tun und immer mehr mit dem eigenen Career Branding. Nicht nur Worte unterstreichen es, auch die Art, sich zu kleiden. Denken Sie an den Herrn mit den Ringelsocken, über den ich im Einstiegstext zu Strategie 5 geschrieben habe. Ringelsocken sind auch eine Form, Konformität zu durchbrechen. Eine kleine Auffälligkeit nur, mehr nicht.

Career Branding in Kleidung und Auftreten

***Marlene** hat seit 22 Jahren den gleichen Arbeitgeber und freut sich immer noch jeden Morgen auf ihren Job. Ihr Arbeitgeber ist kein Wunderunternehmen oder irgendein cooles Start-up aus Berlin. Es ist ein größeres Familienunternehmen, dessen einzige Besonderheit darin besteht, dass es von einem sozial eingestellten Menschen gegründet wurde.*

»Ich hatte immer gute Chefs, die mich förderten. Die mir auch große Aufgaben zutrauten.« Flexibilität zeigte sich auch daran, dass das Hamburger Unternehmen Marlene lange in einer süddeutschen Stadt leben und arbeiten ließ. In diesen Jahren betreute sie Projekte an ihrem damaligen Wohnort.

»Hat die Projektorientierung dazu beigetragen, dass die Spannung immer hoch blieb und es immer neue Herausforderungen gab?«, frage ich. »Ja, auf jeden Fall!«, antwortet sie. Das sehe und höre ich oft. Projektorientiert arbeitende Mitarbeiter scheinen zufriedener zu sein, sie erleben mehr Abwechslung, können kaum einrosten. Veränderung ist schließlich Prinzip des Projekts.

Vieles veränderte sich, als nach der Finanzkrise 2008 die große Umstrukturierung kam. Prozesse wurden standardisiert, Freiheiten beschnitten, Aufgaben neu verteilt. Die meisten Menschen stemmen sich gegen solche Veränderungen, manche werden krank davon. Viele Veränderungen sind ganz einfach auch schlecht gemanagt. Die Kultur verroht, wenn man den Change durchdrückt und die Menschen nicht mitnimmt. Marlenes Unternehmen gestaltete den Change-Prozess aber so, dass alle die Notwendigkeit verstanden.

Marlene sagt, dass es viele Mitarbeiter gäbe, die dennoch nicht so viel Gutes über das Unternehmen zu berichten wüssten wie sie, die mit der Veränderung hadern und lieber alles beim Alten gelassen hätten. Auch Marlene hatte eine Zeit lang Zweifel – aber dann die Gelegenheit, die man ihr bot, ergriffen. Sie übernahm eine Führungsaufgabe in der neuen Matrixorganisation: keine Projekte mehr – etwas ganz Neues, mit dem sie bisher keinerlei Erfahrung gehabt hatte. Sie freute sich darauf: etwas Neues! Etwas ausprobieren! Jetzt arbeitet sie daran, eine wirklich gute Führungskraft zu werden. »Das macht mir so viel Spaß!«, Marlenes Augen leuchten. »Das ist wirklich mein Ding.«

Marlene strahlt Optimismus aus. Sie geht mit Veränderungen anders um als manche Kollegen. Ihre innere Einstellung hilft ihr. Erwarte ich gute Absichten? (Der andere meint es gut.) Glaube ich, aus allem das Beste machen zu können? (Vertraue ich mir selbst?) Dazu schreibt der renommierte US-amerikanische Sozialpsychologe Martin Seligman: »Der Optimist erlebt ebenso viele Niederlagen und Tragödien wie der Pessimist, aber er bewältigt sie besser.«[2] Eine positive Einstellung haben, bedeutet nicht, schlimme Zustände zu dulden. Aber mit Optimismus lässt sich das Gute in der Veränderung leichter erkennen. Das ist eine ganz wichtige Voraussetzung für die Karriere unserer Zeit, die viel Bewegung, Aktivität und Mitmachen erfordert.

Nicht jeder freut sich, wenn Neuerungen anstehen: Nach den Auswirkungen von Veränderungsprozessen befragt, finden nur 30 Prozent der deutschen Führungskräfte, dass Veränderungen positive Energie erzeugen. Dem gegenüber steht immerhin ein Drittel, das Veränderungen als negativ und ermüdend wahrnimmt.[3] Und wenn schon die Führung nicht begeistert vorangeht, wie ergeht es dann erst den Mitarbeitern?

Neuere Studien, etwa von Uwe Kanning von der Universität Osnabrück, besagen, dass mit den Jahren an Erfahrung keineswegs auch der Erfolg steigt. Die Forscher führten mit 814 Personen ein Assessment-Center (AC) durch, in welchem getestet wurde, ob sie grundsätzlich fähig waren zu führen.[4] Das Ergebnis war ernüchternd: Die Führungskompetenzen von den erfahrenen Managern waren nicht besser als die der unerfahrenen. Vielleicht weil mit der Erfahrung die Motivation sinkt, vielleicht weil bei etwas »Neuem« die Motivation automatisch höher ist?

Lassen Sie sich auf Neues ein!

Das alles spricht doch dafür, sich öfter mal auf etwas Neues einzulassen. Ein Hoch auf Projekte! Also nicht gleich den Kopf schütteln, wenn Ihnen etwas Neues angeboten wird. Ja, suchen Sie aktiv danach!

Wie Sie innerhalb eines Unternehmens die Seiten wechseln

Sie müssen nicht von einem Job zum nächsten springen, um sich zu entwickeln. Manchmal geht das auch innerhalb ein und desselben Unternehmens. Einige Firmen pflegen sogar den Grundsatz, dass Mitarbeiter verschiedene Abteilungen durchlaufen müssen. Meist ist das für das Profil der Mitarbeiter und für ihre geistige Beweglichkeit sehr von Vorteil.

Werden Ihnen Arbeitsplatzwechsel nicht aktiv angeboten, dann stoßen Sie diese selbst an. Mit wem würden Sie gern tauschen? Welchen Arbeitsbereich möchten Sie kennen lernen? Je besser Sie in Ihrem Unternehmen vernetzt sind, desto einfacher wird eine Veränderung sein. Deshalb ist es eine der wichtigsten Maßnahmen, gleich zu Beginn der Laufbahn Netzwerke aufzubauen. Auch für interne Stellen werden nämlich meist diejenigen bevorzugt, die dem Entscheider bereits bekannt sind. Trauen Sie sich, auch neue Aufgaben anzunehmen, für die Sie sich vielleicht gar nicht als geeignet ansehen. Oft macht so etwas mehr Spaß, als Sie meinen.

Denken Sie einmal über Ihren bisherigen Ausbildungsweg und die Berufserfahrung nach. An welchem Punkt wurde es Ihnen langweilig oder wann war die »Luft raus«? Meist ist das nach drei Jahren der Fall. Das ist fast wie in einer Beziehung – übrigens auch mit ähnlichen Abhängigkeiten: Je mehr sie in einer Position verharren, ohne sich zu entwickeln, desto abhängiger werden Sie vom Partner, dem Unternehmen. Irgendwann füttert er Sie durch und die Beziehung gerät ins Ungleichgewicht. Prüfen Sie deshalb, wenn Sie sich wie Marlene für eine stabile Unternehmensbeziehung entscheiden, ab und zu Ihren Marktwert, zum Beispiel durch Testbewerbungen oder indem Sie aktuelle Stelleninserate in Ihrem Bereich mit Ihrem Profil abgleichen. Wenn Sie jedoch eine Einbahnstraße erreichen, ziehen Sie die Reißleine!

Prüfen Sie Ihren Marktwert

Erdmännchen-Taktik: Wie Sie vorausschauend denken

Ganz gleich, ob Sie in einem Unternehmen bleiben oder wechseln wollen, halten Sie die Augen und Ohren offen. Wenn alle nach rechts rennen, schauen Sie mal nach links. Oft liegen die größten Chancen jenseits der Massenaufläufe. Trends sind nur so lange Trends, wie nicht alle aufspringen. Alles, was viele machen, sollte sie hellhörig machen. Solche Dinge sind nur gut, wenn es um allgemeine Brot-und-Butter-Qualifikationen wie Excel und Englisch geht. Ansonsten ist es immer noch ein guter Tipp, antizyklisch zu handeln, also genau das zu machen, was kaum einer macht – zum Beispiel eine Lehre als Schuhmacher. Oder generell eine Lehre. Schaut man sich die Gehaltsentwicklungen bei Technikern im Vergleich zu Akademikern an, etwa bei den Studien von Personalmarkt, gibt es gute Gründe anzunehmen, dass qualifizierte Facharbeiter den Akademikern den Rang ablaufen könnten.

Handeln Sie antizyklisch

Schauen Sie sich einmal in Ihrer Branche und in Ihrem Job um. Was sehen Sie da? Wenn Sie die Aufgabe hätten, eine Szenarioplanung zu erstellen, die Chancen und Risiken beleuchtet, wie würde diese aussehen?

In der Evolution haben wir Menschen uns immer angepasst, um mit neuen Entwicklungen klarzukommen. Wir haben Neues gelernt, weil sich die Rahmenbedingungen verändert haben. Das wird auch jetzt passieren. Ich merke sehr genau, wie sich die Einstellungen junger Menschen ändern. Sie wissen, dass sie selbst die Verantwortung haben, ihr Leben zu gestalten – und dass Karriere heute nicht mehr planlos, sondern nur noch mit System betrieben werden kann.

Orientieren Sie sich deshalb an den Erdmännchen – ein Bild, das ich gern in meinen Vorträgen verwende. Sie haben eine besonders gute Weitsicht und ein hervorragendes Urteilsvermögen. Die Schweizer Verhaltensbiologin Marta Manser fand heraus, dass diese Tiere als Greifvögel getarnte Spielzeugflugzeuge von echten Greifvögeln schnell unterscheiden können. Sie zeichnen sich außerdem durch ein exzellentes Kommunikationsvermögen und Sozialverhalten aus.

Weitsicht und Urteilsvermögen

Auch wir Menschen können unsere Weitsicht und unser Urteilsvermögen schärfen – und mögliche Greifvögel von Spielzeugflugzeugen unterscheiden. Die Greifvögel sind Entwicklungen, die für das eigene Profil und das Karriere-Branding gefährlich sind. Nehmen wir das Beispiel Social Media. Schon früh hätten PR-Berater erkennen können, dass der Einfluss der sozialen Medien auf die Öffentlichkeitsarbeit weitreichende Konsequenzen hat – man also Kompetenzen in diesem Feld aufbauen sollte.

Ich weiß nicht, ob Sie sich noch an Second World erinnern, eine Art 3D-Abbild unserer Welt. Das war ein Spielzeugflugzeug – es wurde nichts draus. Ich finde, das war absehbar, zum Beispiel weil sich nur Agenturen auf dieses Thema gestürzt haben, der Verbreitungsgrad in der Bevölkerung aber eher gering blieb. Es gab keine explosionsartige, schnelle Verbreitung wie etwa bei WhatsApp. Aber selbst große Konzerne hatten damals in Second World investiert. Es ist also immer sinnvoll, sich eine eigene Meinung zu bilden – anstatt mit dem Strom mitzuschwimmen.

ANHANG

Test: Welcher Karrieretyp sind Sie?

Im Abschnitt »Finden Sie Ihr Karrieresystem« ab Seite 33 habe ich Ihnen sieben Systeme vorgestellt, wie ich Sie derzeit in den Unternehmen wahrnehme: die Family Career, die Dynamic Career, die Conventional Career, die Performance Career, die Cooperative Career, die Flexi-Career und die Better-World-Career. Zu jedem dieser Karrieresysteme gibt es einen passenden Worklifestyle. Darunter verstehe ich den Arbeitsstil der Mitarbeiter, die sich optimal in diesem Karrieresystem entfalten können. Das Karrieresystem des Unternehmens, in dem Sie arbeiten oder arbeiten wollen, sollte maximal zu Ihrem persönlichen Worklifestyle passen. Wenn Sie beispielsweise jemand mit einem Dynamic Worklifestyle sind, sollten Sie nach einem Unternehmen Ausschau halten, in dem ein dynamisches Karrieresystem vorherrscht. Hier werden Sie die Arbeitsbedingungen vorfinden, die Sie suchen, und letztlich beruflichen Erfolg haben.

Mit dem folgenden Test können Sie einfach und sicher Ihren eigenen Worklifestyle ermitteln. Kreuzen Sie zu jeder der folgenden Aussagen an, inwieweit sie für Sie zutreffend ist.

Diesen Test können Sie auch im Internet absolvieren unter

www.worklifestyle.net

Sie erhalten eine ausführliche Analyse kostenlos, wenn Sie dort den folgenden Code eingeben:

WLS214A1CAMPHF

Was ist Ihnen in Ihrer Arbeit und in Ihrem Leben in erster Linie wichtig?

1. Mir ist es elementar wichtig, dass die Produkte meines Arbeitgebers nachhaltig produziert werden und mein Unternehmen konsequent nachhaltig wirtschaftet.

Starke Ablehnung	Ablehnung	Neutral	Zustimmung	Starke Zustimmung

2. Ich möchte etwas bewegen, mich weiterentwickeln und brauche dazu wenig Regeln, Prozesse und Vorschriften.

Starke Ablehnung	Ablehnung	Neutral	Zustimmung	Starke Zustimmung

3. Ich will in erster Linie an meiner Leistung gemessen werden und Ziele erreichen.

Starke Ablehnung	Ablehnung	Neutral	Zustimmung	Starke Zustimmung

4. Familiäre Strukturen mit viel Wärme und Zugehörigkeit sind das Wichtigste für mich.

Starke Ablehnung	Ablehnung	Neutral	Zustimmung	Starke Zustimmung

5. Flexibilität ist absolut mein Ding! Ich will eine freie Zeiteinteilung und arbeiten, wann und wo ich möchte.

Starke Ablehnung	Ablehnung	Neutral	Zustimmung	Starke Zustimmung

6. Ich bevorzuge es, wenn klar festgelegt ist, welche Wege man im Unternehmen einschlagen kann (zum Beispiel Fach-, Projekt- und Führungskarriere).

Starke Ablehnung	Ablehnung	Neutral	Zustimmung	Starke Zustimmung

7. Ich will in allererster Linie *gemeinsam* mit anderen etwas schaffen und aufbauen.

Starke Ablehnung	Ablehnung	Neutral	Zustimmung	Starke Zustimmung

Unter Work-Life-Balance versteht jeder etwas anderes. Kommen wir zum zweiten Punkt. Wie sehen Sie das Zusammenspiel von Work und Life?

8. Arbeit und Leben gehören für mich zusammen: Ich will mit meinen Kollegen auch privat sein können.

Starke Ablehnung	Ablehnung	Neutral	Zustimmung	Starke Zustimmung

9. Ich will weiterkommen, deshalb arbeite ich natürlich viel, auch mal abends.

Starke Ablehnung	Ablehnung	Neutral	Zustimmung	Starke Zustimmung

10. Work-Life-Balance bedeutet für mich, dass sich das Unternehmen um mich sorgt.

Starke Ablehnung	Ablehnung	Neutral	Zustimmung	Starke Zustimmung

11. Um eine gewisse Position zu erreichen, bin ich gern die meiste Zeit erreichbar.

Starke Ablehnung	Ablehnung	Neutral	Zustimmung	Starke Zustimmung

12. Mir ist es wichtig, die absolute Zeitsouveränität zu haben: morgens Sport, mittags arbeiten – wie es mir gefällt.

Starke Ablehnung	Ablehnung	Neutral	Zustimmung	Starke Zustimmung

13. Da ich mich gern für eine gute Sache einsetze, schaue ich beim Arbeiten nicht auf die Uhr.

Starke Ablehnung	Ablehnung	Neutral	Zustimmung	Starke Zustimmung

14. Ich will verlässliche Arbeitszeiten haben. Es sollte eine gute Familien- und/oder Freizeitvereinbarkeit gewährt sein.

Starke Ablehnung	Ablehnung	Neutral	Zustimmung	Starke Zustimmung

Was treibt Sie zu guter Arbeit an?

15. Ich brauche jemand, der mir Richtung gibt und zu dem oder denen ich zugleich aufschauen kann.

Starke Ablehnung	Ablehnung	Neutral	Zustimmung	Starke Zustimmung

16. Ich will gestalten und etwas bewegen. Wie ich dabei genau vorgehe, soll mir überlassen bleiben.

Starke Ablehnung	Ablehnung	Neutral	Zustimmung	Starke Zustimmung

17. Ich will im engen Austausch mit anderen an etwas Gemeinsamen arbeiten.

Starke Ablehnung	Ablehnung	Neutral	Zustimmung	Starke Zustimmung

18. Es ist doch klar: Für Zielerfüllung oder auch Übererfüllung erwarte ich eine Belohnung.

Starke Ablehnung	Ablehnung	Neutral	Zustimmung	Starke Zustimmung

19. Ich will Unternehmer im Unternehmen sein. *Wie* ich die Dinge mache, sollte keinen interessieren.

Starke Ablehnung	Ablehnung	Neutral	Zustimmung	Starke Zustimmung

20. Ich will einen eigenen Aufgabenbereich haben und genau wissen, was man von mir erwartet.

Starke Ablehnung	Ablehnung	Neutral	Zustimmung	Starke Zustimmung

21. Es geht darum, die Welt ein Stück besser zu machen – alles andere ist sekundär.

Starke Ablehnung	Ablehnung	Neutral	Zustimmung	Starke Zustimmung

Welche Rolle spielt Arbeit in Ihrem Leben?

22. Mir sind Aufgaben wichtig. Wenn die stimmen, brauche ich keine Sicherheit.

Starke Ablehnung	Ablehnung	Neutral	Zustimmung	Starke Zustimmung

23. Ich will ein angenehmes Lebens führen und mir viel leisten können.

Starke Ablehnung	Ablehnung	Neutral	Zustimmung	Starke Zustimmung

24. Mir sind Freunde und mein Privatleben wichtiger als die Arbeit.

Starke Ablehnung	Ablehnung	Neutral	Zustimmung	Starke Zustimmung

25. Mir geht es vor allem darum, für meinen Erfolg finanziell belohnt zu werden.

Starke Ablehnung	Ablehnung	Neutral	Zustimmung	Starke Zustimmung

26. Mir ist die sinnvolle Sache wichtig, dafür arbeite ich.

Starke Ablehnung	Ablehnung	Neutral	Zustimmung	Starke Zustimmung

27. Ich brauche ein gutes Klima und tolle Kollegen, das steht absolut im Vordergrund.

Starke Ablehnung	Ablehnung	Neutral	Zustimmung	Starke Zustimmung

28. Für mich ist es wichtig, dass ich planen kann und beispielsweise weiß, was ich in ein paar Jahren verdienen kann.

Starke Ablehnung	Ablehnung	Neutral	Zustimmung	Starke Zustimmung

Wo wollen Sie arbeiten? Überlegen Sie einmal, was Ihre Vorstellungen von Büro und Raum sind.

29. Ich brauche ein Einzelbüro oder maximal eines für zwei Personen. Bloß kein Großraumbüro.

Starke Ablehnung	Ablehnung	Neutral	Zustimmung	Starke Zustimmung

30. Mein Büro sollte besser ausgestattet sein als das von Mitarbeitern mit weniger Verantwortung.

Starke Ablehnung	Ablehnung	Neutral	Zustimmung	Starke Zustimmung

31. Mir ist eine ökologische Einrichtung wichtig, und dass zum Beispiel der Müll getrennt wird.

Starke Ablehnung	Ablehnung	Neutral	Zustimmung	Starke Zustimmung

32. Es sollte gemütlich sein: Ein Foto auf dem Schreibtisch oder wie es jemand eben gern mag, ein bisschen persönlich.

Starke Ablehnung	Ablehnung	Neutral	Zustimmung	Starke Zustimmung

33. Ich kann in fast jedem Raum arbeiten, Hauptsache es geht voran. Es muss nicht schön sein.

Starke Ablehnung	Ablehnung	Neutral	Zustimmung	Starke Zustimmung

34. Arbeit ist da, wo ich gerade bin. Ich brauche keinen festen Platz.

Starke Ablehnung	Ablehnung	Neutral	Zustimmung	Starke Zustimmung

35. Mir gefällt es, wenn Chefs mittendrin sitzen und sich nicht vom Team unterscheiden.

Starke Ablehnung	Ablehnung	Neutral	Zustimmung	Starke Zustimmung

Wie wollen Sie geführt werden?

36. Eine Führungskraft sollte kooperativ sein und sich als Teil des Teams begreifen.

Starke Ablehnung	Ablehnung	Neutral	Zustimmung	Starke Zustimmung

37. Eine Führungskraft sollte ihren Mitarbeitern Freiheiten lassen und sich in Hintergrund halten.

Starke Ablehnung	Ablehnung	Neutral	Zustimmung	Starke Zustimmung

38. Eine Führungskraft muss übergeordnete, nachhaltige Werte haben und glaubwürdig vertreten.

Starke Ablehnung	Ablehnung	Neutral	Zustimmung	Starke Zustimmung

39. Eine Führungskraft sollte Vorbild für die Mitarbeiter sein und auch mal mit dem Fahrrad oder der Bahn kommen oder ein einfaches Auto fahren.

Starke Ablehnung	Ablehnung	Neutral	Zustimmung	Starke Zustimmung

40. Eine Führungskraft sollte klare Vorgaben machen und kompetent sein.

Starke Ablehnung	Ablehnung	Neutral	Zustimmung	Starke Zustimmung

41. Eine Führungskraft muss entscheiden können und klare Ansagen machen.

Starke Ablehnung	Ablehnung	Neutral	Zustimmung	Starke Zustimmung

42. Eine Führungskraft sollte diejenige sein, die wirtschaftlich nachweislich am meisten geleistet hat.

Starke Ablehnung	Ablehnung	Neutral	Zustimmung	Starke Zustimmung

Zum Abschluss kommen wir zu einem ganz wichtigen Thema: Was sollte Ihr Arbeitgeber sonst noch bieten?

43. Es sollte Raum und Zeit für eigene Projekte zur Verfügung stellen.

Starke Ablehnung	Ablehnung	Neutral	Zustimmung	Starke Zustimmung

44. Mir ist es wichtig, auch Raum für kleine Feiern und gemeinsame Erlebnisse zu haben.

Starke Ablehnung	Ablehnung	Neutral	Zustimmung	Starke Zustimmung

45. Belohnungen für Mitarbeiter, die etwas leisten, sollten selbstverständlich sein: Auto, Incentives, Geld.

Starke Ablehnung	Ablehnung	Neutral	Zustimmung	Starke Zustimmung

46. Mir ist es wichtig, dass es interne Netzwerke und Mentoren gibt, die Mitarbeiter und deren Weiterkommen fördern.

Starke Ablehnung	Ablehnung	Neutral	Zustimmung	Starke Zustimmung

47. Das Unternehmen muss Serviceeinrichtungen für die Familienvereinbarkeit bieten.

Starke Ablehnung	Ablehnung	Neutral	Zustimmung	Starke Zustimmung

48. Es sollte viele Möglichkeiten zum Austausch bieten und, um Dinge gemeinsam zu machen, auch sportliche.

Starke Ablehnung	Ablehnung	Neutral	Zustimmung	Starke Zustimmung

49. Mein Unternehmen sollte sich sozial engagieren. Es darf Gewinne machen, aber dies sollte nur ein Aspekt sein.

Starke Ablehnung	Ablehnung	Neutral	Zustimmung	Starke Zustimmung

Werten Sie Ihren Worklifestyle-Test aus

Mithilfe der folgenden Tabelle können Sie nun das Ergebnis Ihres Tests ermitteln. Keine Sorge, das sieht auf den ersten Blick schwieriger aus, als es ist. In der ersten Zeile der Tabelle sehen Sie die Zahlen 4, 2 und so weiter – das sind die Nummern der Fragen, die Sie eben beantwortet haben. Tragen Sie bitte in das noch freie Feld dahinter (es ist mit »Punkte« überschrieben) jeweils Ihre Punktzahl ein:

–2 für »Starke Ablehnung«,
–1 für »Ablehnung«,
0 für »Neutral«,
1 für »Zustimmung« und
2 für »Starke Zustimmung«.

Am Ende bilden Sie von jeder Punktspalte die Summe und schreiben diese in die untere noch freie Zeile der Tabelle. Nun haben Sie für jeden Worklifestyle Ihre Gesamtpunktzahl ermittelt. Wo haben Sie die meisten Punkte erreicht? Das sind die zu Ihnen passenden Styles.

Zur Veranschaulichung sehen Sie hier zunächst eine Tabelle ohne Punktevergabe.

Family-Style	Punkte	Dynamic Style	Punkte	Conventional Style	Punkte	Performance-Style	Punkte	Cooperative Style	Punkte	Flexi-Style	Punkte	Better-World-Style	Punkte
4		2		6		3		7		5		1	
10		9		14		11		8		12		13	
15		16		20		18		17		19		21	
24		23		28		25		27		22		26	
32		33		29		30		35		34		31	
39		41		40		42		36		37		38	
44		46		47		45		48		43		49	

Zur Veranschaulichung der Testauswertung sehen Sie nun eine beispielhaft ausgefüllte Tabelle. Der Beispielkandidat hat in drei Spalten höhere Punktzahlen erreicht: 11, 4 und 5. Er ist also vom Worklifestyle her ein Flexi-Cooperative-Family-Typ.

Family-Style	Punkte	Dynamic Style	Punkte	Conventional Style	Punkte	Performance-Style	Punkte	Cooperative Style	Punkte	Flexi-Style	Punkte	Better-World-Style	Punkte
4	*0*	2	*0*	6	*0*	3	*0*	6	*2*	7	*1*	5	*0*
10	*0*	9	*0*	14	*1*	11	*1*	8	*2*	12	*2*	13	*1*
15	*1*	16	*–1*	20	*–1*	18	*–1*	17	*2*	19	*2*	21	*1*
24	*1*	23	*–2*	28	*0*	25	*0*	27	*0*	22	*2*	26	*0*
32	*1*	33	*–2*	29	*0*	30	*0*	35	*0*	34	*1*	31	*0*
39	*1*	41	*1*	40	*0*	42	*0*	36	*0*	37	*2*	38	*0*
44	*1*	46	*0*	47	*–2*	45	*0*	48	*0*	43	*1*	49	*0*
	5		*–4*		*–2*		*0*		*6*		*11*		*2*

Was bedeutet nun Ihr Ergebnis konkret? Wählen Sie – entsprechend Ihres Testergebnisses – aus den folgenden Abschnitten, den oder die für Sie zutreffenden aus und lesen Sie nach, was Ihren persönlichen Worklifestyle charakterisiert. Welche Merkmale sind ganz typisch? Und welche Fragen bieten sich für Sie im Vorstellungsgespräch an?

Family-Style

Sie mögen es kuschelig, jeder darf und soll jeden kennen. In so einem Umfeld entfalten Sie Ihr ganzes Potenzial. Sie mögen eine warme Atmosphäre, in der Raum für Persönliches ist. Ein Foto auf dem Schreibtisch oder Bildschirm, »Ihr« Laptop und Ansprechpartner auf Augenhöhe – das ist wichtiger für Sie als ein hohes Gehalt. Gut möglich, dass Ihnen Loyalität und Treue sehr wichtig sind. Jedenfalls gilt: Solange Sie sich irgendwo wohlfühlen, ist alles gut! Dann haben Sie auch die richtige Ausgangsbasis, um Karriere zu machen.

Sie finden passende Unternehmen sowohl bei konservativen als auch bei fortschrittlichen Firmen. Tendenziell ist es eher der Mittelstand, der Sie anzieht, vielleicht sogar ein kleines Unternehmen. In den fürsorglich-konservativen Unternehmen wird der Chef viel herumgehen und mit den Mitarbeitern sprechen. Dabei ist sonst alles noch wie früher, zum Beispiel gibt es Büros, in denen zwei oder drei Personen sitzen. Die Arbeit in einer konservativen Family-Firma gibt Ihnen etwas Heimat und Erdverbundenheit, fast wie eine zweite Familie. Sie akzeptieren deshalb, dass manch Inhaber oder Chef nicht immer nach neuesten Erkenntnissen handelt und Traditionen hochhält, die vielleicht etwas unmodern erscheinen.

In den fürsorglich-fortschrittlichen Unternehmen wird es vielleicht ein Schwimmbad oder Gemeinschaftsräume geben, vielleicht auch sogenannte »Feelgood-Manager« oder speziell ausgebildete Personen, die sich um die Bedürfnisse der Mitarbeiter kümmern. Experten nennen dieses Zukunftsmodell »Caring Company«.

Daran erkennen Sie, dass ein Unternehmen zu Ihrem Family-Style passt:

- → Viele Mitarbeiter sind schon lange dabei.
- → Man trennt Arbeit und Privates nicht scharf.

- Jeder ist, wie er ist.
- Es gibt keine Kleiderordnung.
- Viel Herzlichkeit steht auf der Tagesordnung.
- Die Räume sind persönlich und individuell. Es gibt nur wenige Einzelbüros.

Relevante Fragen für Ihr Vorstellungsgespräch könnten folgende sein:

- Was wünschen Sie sich für Ihre Mitarbeiter?
- Wie lange sind Ihre Mitarbeiter schon für Sie tätig?
- Wie stellen Sie sicher, dass Ihre Mitarbeiter gesund und zufrieden sind?
- Gibt es spezielle Ansprechpartner für Mitarbeiterbedürfnisse?

Wie zu Ihrem Style passende Unternehmen ticken, lesen Sie bitte im Abschnitt »Familiy-Career« ab Seite 35 nach.

Conventional Style

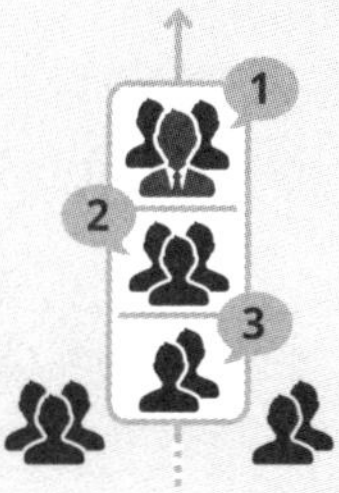

Haben Sie die meisten Punkte in diesem Bereich erzielt, so ist Ihnen vermutlich Ordnung und Struktur sehr wichtig. Sie möchten gern wissen, was Sie machen sollen, und nicht einfach ins kalte Wasser gestoßen werden. Ihr Arbeitsbereich sollte klar abgegrenzt und definiert sein. Sie suchen Vorgaben, nach denen Sie sich richten können. Eine strukturierte Einarbeitung ist für Sie ebenso zentral wie klare Kernarbeitszeiten und das Mittagessen, das Sie vielleicht am liebsten in einer guten Kantine einnehmen. Sie müssen nicht unbedingt auch nach Feierabend mit den Kollegen zu tun haben.

Ihnen gefällt es, wenn Sie strukturiert und nach klaren Gesetzmäßigkeiten entwickelt werden und Beförderung an Kompetenz und

Zugehörigkeit gebunden ist. Es sollte Entwicklungspläne für Mitarbeiter und klare Kriterien geben, wer wann und warum befördert wird. Mit Vorgesetzten arrangieren Sie sich leicht: Einer muss ja das Sagen haben. Vorgaben halten Sie ein. Gleichzeitig legen Sie Wert darauf, sich möglichst langfristig an ein Unternehmen zu binden.

Daran erkennen Sie, dass ein Unternehmen zu Ihrem Conventional Style passt:

- Es gibt ein mehrere Stufen umfassendes Auswahlverfahren.
- Es gibt viele vorgeschriebene Wege und klare Prozesse.
- Man kann Ihnen Karrierewege genau beschreiben.
- Sie bekommen eine strukturierte Weiterbildung.
- Es gibt Einzel- und auch Großraumbüros.

Relevante Fragen für Ihr Vorstellungsgespräch könnten folgende sein:

- Wie werde ich eingearbeitet werden?
- Was sind die üblichen Arbeitszeiten?
- Welche Sozialleistungen bieten Sie?
- Welche Beförderungen kann ich erwarten?
- Wie lange bleiben Ihre Mitarbeiter normalerweise im Unternehmen?

Wie zu Ihrem Style passende Unternehmen ticken, lesen Sie bitte im Abschnitt »Conventional Career« ab Seite 42 nach.

Dynamic Style

Sie sind dynamisch, ein Macher. Es ist wahrscheinlich, dass Sie gestalten und schnell weiterkommen möchten. Geduldig auf Beförderung zu warten, ist so gar nicht Ihre Sache. Es muss vorangehen und die Strukturen dürfen nicht zu starr und Ihrer Entwicklung hinderlich sein. Im Allgemeinen bevorzugen Sie deshalb kleinere Firmen oder Einheiten, die durchlässig sind.

Es reizt Sie, sich durchzusetzen und Erfolge zu erzielen. Ziele sind für Sie überhaupt sehr wichtig. Eventuell bewundern Sie Milliardäre oder Unternehmer, die es »hands-on« sehr weit gebracht haben, etwa Richard Branson. Gut möglich, dass Networking und Diplomatie nicht so Ihre Stärken sind.

Zu Ihnen passen Unternehmen in einer Aufbauphase oder in Veränderungssituationen. Daran erkennen Sie, dass ein Unternehmen zu Ihrem Dynamic Style passt:

- Wer gut ist, kann schnell vorankommen, egal wie alt er ist.
- Es gibt kaum Regeln und vorgeschriebene Wege, vieles ist möglich.
- Wenn Sie als Gestalter- und Machertyp rüberkommen, wird das goutiert.
- Ihre Gesprächspartner reden viel vom kalten Wasser, strukturierte Einarbeitung ist offensichtlich kein Thema.
- Das Büro kann sehr modern sein oder aber altmodisch, auf jeden Fall erkennt man erfolgreiche Mitarbeiter schnell.

Relevante Fragen für Ihr Vorstellungsgespräch könnten folgende sein:

- Wie schnell kann ich hier weiterkommen?
- Wird Erfolg belohnt?
- Was sind Ihre unternehmerischen Vorbilder?
- Wie definieren Sie Erfolg?
- Ich springe gern ins kalte Wasser. Wie bewerten Sie dieses Verhalten?

Wie zu Ihrem Style passende Unternehmen ticken, lesen Sie bitte im Abschnitt »Dynamic Career« ab Seite 39 nach.

Cooperative Style

Sie arbeiten gern eng mit anderen zusammen. Team ist für Sie ein positiv besetzter Begriff, Kooperation ein Wert an sich. Dabei geht es Ihnen nicht nur um ein gemeinsames Mittagessen, sondern um echte Zusammenarbeit. Da können auch mal die Fetzen fliegen, wenn das gemeinsame Ergebnis gut ist. Ihr Glaube ist, dass verschiedene Perspektiven durchaus wichtig sind. Menschen mit Cooperative Style haben oft eine Abneigung gegen zur Schau gestellten Status. Sie sehen eher alle Mitarbeiter als gleichwertig an und mögen es zum Beispiel nicht, wenn bestimmte Personen größere Büros haben.

Sie finden Unternehmen für Ihren Style in Start-ups und im Mittelstand. In Konzernen ist er selten, weil Zusammenarbeit hier oft viel mit Anpassung zu tun hat – nicht unbedingt aber mit dem Finden der besten Lösung. Starre Hierarchien stehen dem Cooperative Style entgegen. Gut möglich, dass Sie fortschrittliche Managementansätze wie »Führung von unten« vorfinden.

Daran erkennen Sie, dass ein Unternehmen zu Ihrem Cooperative Style passt:

- Schon im Vorstellungsgespräch ist auch das Team dabei.
- Man ist informell, duzt sich wahrscheinlich.
- Es wird Wert auf eine gemeinsame Kultur gelegt.
- Der eine unterstützt den anderen.
- Alle sitzen zusammen, im Büro sind keine Hierarchien zu erkennen. Auch die Chefs sitzen mittendrin.

Relevante Fragen für Ihr Vorstellungsgespräch (Achten Sie darauf, dass Sie dieses mit dem Team führen!) könnten folgende sein:

- Wie fördern Sie/fördert ihr die Zusammenarbeit?

- Was tun Sie/tut ihr bei Konflikten im Team?
- Welche Räumlichkeiten haben Sie/habt ihr für die Teams? Zeigen Sie/zeigt ihr mir die Räume?
- Gibt es Gemeinschaftsräume und gemeinsame Aktivitäten?
- Wie wichtig ist Ihnen/euch das Teamergebnis im Vergleich zur Einzelleistung?

Wie zu Ihrem Style passende Unternehmen ticken, lesen Sie bitte im Abschnitt »Cooperative Career« ab Seite 48 nach.

Performance-Style

Effizienz ist Ihnen wichtig. Sie lieben Ergebnisse in Form von Zahlen, Daten, Fakten. Sie haben auch kein Problem damit, mit Ihrer Leistung und anhand von Zielen bewertet zu werden. Das alles spricht dafür, dass Sie sich ein Unternehmen suchen sollten, das Leistungskarrieren fördert. Wenn Sie viele Punkte beim Performance-Style haben, so werden Sie wahrscheinlich Nobelpreisgewinner Milton Friedman zustimmen. Der war der Auffassung, dass die Aufgabe von Unternehmen darin bestünde, ihre Gewinne zu maximieren. Klar ist: Sie mögen monetäre Anreize, verfolgen gern Ziele und es motiviert Sie, wenn Leistung belohnt wird.

Statussymbolen gegenüber sind Sie wahrscheinlich nicht abgeneigt. Es mag auch sein, dass Titel wie »Senior« oder »Principal« Sie locken. Für Sie könnte es wichtig sein, erworbenen Status auch nach außen zu zeigen, wenn vielleicht auch in Form von Understatement. Sie mögen es, mit Zielen geführt sowie gemessen und beurteilt zu werden. Es kann sein, dass das Karrieremodell des »Up or out« – das bedeutet, dass der Flaschenhals der Karriere nach oben immer enger wird – Sie motiviert und anspornt.

Daran erkennen Sie, dass ein Unternehmen zu Ihrem Performance-Style passt:

- Das Auswahlverfahren ist standardisiert und es gibt genau definierte Abläufe, bei denen der Leistungsbeste herausgefiltert werden soll.
- Noten und »Track Records« (belegbare Erfolge) spielen eine große Rolle.
- Ziele sind wichtig. Um den Grad der Zielerreichung zu messen, gibt es umfangreiche Verfahren.
- Es gibt Titel, die verliehen werden, wenn jemand erfolgreich war.
- Mitarbeiter und ihre Leistung werden mindestens einmal im Jahr bewertet.
- Es gibt unterschiedlich gut ausgestattete Räume, je nach Status.
- Begriffe wie »Exzellenz« werden oft verwendet.

Relevante Fragen für Ihr Vorstellungsgespräch könnten folgende sein:

- Wie messen Sie, ob Mitarbeiter Ziele erreichen?
- Wie werden Mitarbeiter bewertet?
- Wie stellen Sie sicher, dass auch qualitative Ziele messbar sind?
- Wie entwickeln Sie das Leistungspotenzial Ihrer Mitarbeiter?
- Wie wird Leistung belohnt?

Wie zu Ihrem Style passende Unternehmen ticken, lesen Sie bitte im Abschnitt »Performance-Career« ab Seite 45 nach.

Flexi-Style

Das Silicon Valley finden Sie cool? Die Idee, an allen möglichen Arbeitsplätzen zu allen denkbaren Zeiten zu arbeiten, ebenso? Ein Arbeitsplatz auf Zeit mit spannenden Herausforderungen ist Ihnen wichtiger als die Zugehörigkeit zum Unternehmen und ein Dauerarbeitsplatz? Sich selbst zu organisieren macht Ihnen Spaß?

Stechuhren gehen für Sie gar nicht? Morgens um 9 Uhr anfangen und abends um 17 Uhr aufhören ist unattraktiv für Sie. Lieber entscheiden Sie, wo und wann Sie arbeiten. Haben Sie die höchste Punktzahl beim Flexi-Style, so brauchen Sie vor allem Freiheit und Flexibilität. Diese könnten Sie in einem Unternehmen, möglicherweise aber auch in der freiberuflichen Projektarbeit oder der Selbstständigkeit finden. Sie brauchen wenig Führung und sind froh, wenn Sie sich und Ihre Projekte selbst organisieren können. Es kann sein, dass Sie auch eher Wert auf Kompetenz und Wissen legen und der Meinung sind, dass es darauf ankommt – nicht aber auf Anwesenheit. Gut möglich, dass Sie Meetings für überflüssig halten und alles, was unnötig Kräfte bindet.

Daran erkennen Sie, dass ein Unternehmen zu Ihrem Flexi-Style passt:

- Es verspricht Ihnen Freiheit bei der Arbeitsgestaltung und maximale Autonomie.
- Sie müssen nichts zu festgelegten Zeiten machen, sondern nur eins: Ziele erfüllen.
- Man vertraut Ihnen und kontrolliert Sie nicht.
- Die Räumlichkeiten sind flexibel, oft wechselt man den Arbeitsplatz nach dem sogenannten »Clean-Desk-Prinzip« (jeder kann sich überall hinsetzen und räumt abends auf).
- Eventuell werden die Begriffe »agil« und »Netzwerkorganisation« oft verwendet.

Relevante Fragen für Ihr Vorstellungsgespräch könnten folgende sein:

- Wie flexibel und agil sind Sie?
- Was erwarten Sie von Ihren Mitarbeitern (zum Beispiel in Fragen der Anwesenheit)?
- Was ist Ihnen wichtiger: dass ein Mitarbeiter seine Aufgaben löst oder dass er immer da und vor Ort ist?
- Was halten Sie von Netzwerkorganisationen? Wie würden Sie Ihre Organisationsstruktur einordnen? (Spartenorganisation, Matrixorganisation, Netzwerkorganisation).
- Welche Möglichkeiten für eigene Projekte räumen Sie ein?

Wie zu Ihrem Style passende Unternehmen ticken, lesen Sie bitte im Abschnitt »Flexi-Career« ab Seite 52 nach.

Better-World-Style

Etwas für eine bessere Welt zu tun, ist Ihnen wichtiger als alles andere. Wirklich attraktive Unternehmen und Institutionen verwandeln Sinn in Geld, welches dann wieder in Sinn investiert wird. Kommerz? Verschwendung? Nein, danke.

Sie bevorzugen ein Umfeld, in dem Nachhaltigkeit eine große Rolle spielt. Sie wollen wissen, warum Sie etwas tun und wofür. Ihr Unternehmen muss etwas produzieren, dass der Welt und der Ökologie, am besten beidem, direkt nützt. Dass es damit Geld verdient, geht dabei eventuell in Ordnung. Auf gar keinen Fall darf Ihr Arbeitgeber jedoch Ressourcen verschwenden oder zum Beispiel Kinderarbeit tolerieren. Das ist für Sie wichtiger als die Details Ihrer Arbeit.

Daran erkennen Sie, dass ein Unternehmen zu Ihrem Better-World-Style passt:

- Sie werden nach Ihrer gesellschaftlichen Einstellung gefragt.
- Man bewertet vorheriges ehrenamtliches Engagement hoch.
- Dass Sie sich persönlich einsetzen ist den Ansprechpartnern wichtiger als Ihre fachlichen Qualifikationen.
- Teilen mit anderen gilt als selbstverständlich.
- Leistungsegoismus ist verpönt.

Relevante Fragen für Ihr Vorstellungsgespräch könnten folgende sein:

- Wie ist die Haltung Ihres Unternehmens zu gesellschaftlich relevanten Themen wie Klimaschutz?
- Worin schlägt sich Ihr soziales Engagement nieder?
- In welche sozialen Projekte investieren Sie Ihre Gewinne?
- Wie führen Sie Ihre Mitarbeiter an soziale Themen heran?
- Wenn Ihre Firma einen Eintrag in Wikipedia bekäme, welche Tatsache würde besonders herausgestellt?

Wie zu Ihrem Style passende Unternehmen ticken, lesen Sie bitte im Abschnitt »Better-World-Career« ab Seite 55 nach.

Literatur

Ariely, Dan: *Denken hilft zwar, nützt aber auch nichts.* München 2011.

Covey, Stephen: *Die 7 Wege zur Effektivität. Prinzipien für persönlichen und beruflichen Erfolg.* Offenbach 2005.

Diesbrock, Tom: *Ihr Pferd ist tot? Steigen Sie ab.* Frankfurt/New York 2014.

Gaedt, Martin: *Mythos Fachkräftemangel. Was auf Deutschlands Arbeitsmarkt gewaltig schiefläuft.* Weinheim 2014.

Grant, Adam: *Geben und Nehmen. Erfolgreich sein zum Vorteil aller.* München 2010.

Gratton, Lynda: *Job Future, Future Jobs.* München 2012.

Hofert, Svenja/Visbal, Thorsten: I*ch hasse Teams.* Hamburg 2013.

Hofert, Svenja: *Am besten wirst du Arzt.* Frankfurt/New York 2012.

Hofert, Svenja: *Das Slow-Grow-Prinzip. Lieber langsam wachsen als schnell untergehen.* Offenbach 2011.

Hofert, Svenja: *Die Guerilla-Bewerbung.* Frankfurt/New York 2012.

Hofert, Svenja: *Karriere-Tipps für jeden Tag.* Hannover 2009.

Hofert, Svenja: *Meine 100 besten Tools für Coaching und Beratung.* Offenbach 2013.

Hofert, Svenja: Praxisbuch für Freiberufler. 4. Auflage, Offenbach 2012.

Kahneman, Daniel: *Schnelles Denken, langsames Denken.* München 2012.

Mai, Jochen: *Karrierebibel.* München 2008.

Pfläging, Niels: *Organisation für Komplexität. Wie Arbeit wieder lebendig wird und Höchstleistung entsteht.* 2. Auflage, BOD 2014.

Anmerkungen

Strategie 1: Vergessen Sie die Spielregeln von gestern

1 Fraunhofer IAO Broschüre *Arbeit der Zukunft*, online unter http://www.iao.fraunhofer.de/images/iao-news/arbeit-der-zukunft-studie.pdf.

2 Otto Beisheim School of Management. Eine private Schule, die eng mit der Wirtschaft verzahnt ist.

3 Consulting-Schwerpunkt im *Harvard Business Manager* 10/2013.

Strategie 2: Finden Sie Ihr passendes Karriereumfeld

1 Lynda Gratton: *Job Future, Future Jobs*. München 2012.

2 Unter anderem Odgers Berndtson Management Barometer 2012, http://www.odgersberndtson.de/de/presse-events/studien/artikel/manager-barometer-2013-7526/. Letzter Abruf 6/2014.

3 Etwa im Bereich der Automatisierungstechnik. Das US-Unternehmen Rethink Robotics bietet Roboter bereits ab 20 000 Euro, die auch für kleine Firmen geeignet sind. Nachzulesen bei Constanze Kurz/Frank Rieger: *Arbeitsfrei*. München 2013.

4 Wolf Lotter: »Phantomschmerzen«. in: *brand eins*, November 2013.

5 *Die Turbostudenten* lautet der Titel eines Buches über drei Studenten, die in zwei Jahren einen Bachelor- und Masterabschluss schafften und damit die Regelstudienzeit um vier Jahre unterschritten.

6 Interview mit Laszlo Bock, Vice President People Operations (Personalentwicklung) in der *New York Times*: http://www.nytimes.com/2013/06/20/business/in-head-hunting-big-data-may-not-be-such-a-big-deal.html? Letzter Abruf 6/2014.

7 Leslie A. Perlow: The time famine. Toward a sociology of work time. In: Administrative Science Quaterly, 44/1, S. 57–81.

8 Adam Grant: *Geben und Nehmen. Erfolgreich sein zum Vorteil aller.* München 2013.
9 Dan Ariely, Uri Gneezy, George Loewenstein und Nina Mažar: »Large Stakes and Big Mistakes«, http://management.ucsd.edu/faculty/directory/gneezy/pub/docs/large-stakes.pdf. Letzter Abruf 6/2014.
10 Wie etwa die Firma oose Informatik, www.oose.de.
11 Constantin Wissmann, »Weg mit dem Chef«, in: Zeit online, 25.4.2013: http://www.zeit.de/2013/14/hierachien-abschaffen-management.

Strategie 3: Wie Sie mit System berufliche Entscheidungen treffen

1 Unter www.bmwi.de »Engpassanalyse« eingeben.
2 U.a. »Geschäftsmodelle: Die Zukunft der Berater«, Beitrag im *Harvard Business Manager,* 15.1.2014, online unter http://harvardbusinessmanager.de/heft/d_115708853.html (kostenpflichtig)
3 Geben Sie den Namen einfach mal bei Twitter oder Google ein.
4 VIQ wurde von Prof. David Scheffer, Leiter des Instituts 180 Grad in Hamburg, entwickelt.
5 Siehe zum Beispiel Niels Pfläging: *Organisation für Komplexität. Wie Arbeit wieder lebendig wird und Höchstleistung entsteht.* BOD 2014.
6 Ein umfassendes Bild vermitteln hier Constanze Kurz und Frank Rieger in ihrem Buch *Arbeitsfrei* (München 2013).

Strategie 4: Optimieren Sie Ihre Aktien an der Karrierebörse

1 »Geplanter Erfolg«, 25.8.2013. Abruf unter http://www.tagesspiegel.de/wirtschaft/geplanter-erfolg/8686628.html.
2 Online abgerufen in 10/2013 unter http://it-rebellen.de/2013/05/29/mckinsey-studie-it-technologien-beeinflussen-wirtschaftliche-zukunft-am-starksten/
3 Erschienen 2013, online unter http://www.iao.fraunhofer.de/images/iao-news/arbeit-der-zukunft-studie.pdf.
4 Auch Job Enlargement genannt.
5 An einen Bachelor schließt sich eventuell ein sogenannter konsekutiver Master an, der auf den Inhalten des Bachelors aufbaut. Neben diesen konsekutiven Mastern gibt es aber immer mehr nicht-konsekutive, typisch ist

der MBA. Diese ermöglichen eine Auffächerung in (fast) alle möglichen Richtungen.

6 Interview zu der Forschung hier: http://www.audiology.org/news/interviews/Pages/20080811a.aspx.

7 *Harvard Business Manager,* Ausgabe 10/2013, S. 32f.

8 Svenja Hofert und Thorsten Visbal: *Ich hasse Teamarbeit: Wie Sie die Woche mit Kollegen überleben.* Hamburg 2013.

9 Quelle: Studie der Otto Brenner Stiftung über Weiterbildung in Europa, online unter http://www.otto-brenner-stiftung.de/uploads/tx_mpnews/AH_66neu_web.pdf.

10 Persönlichkeit wird zum Beispiel durch die Big Five beschrieben. Bis auf Gewissenhaftigkeit, die oft mit dem Alter zunimmt, sind diese Eigenschaften oft schon in der Kindheit stabil und verändern sich nach dem 30. Lebensjahr kaum noch.

11 Wenn Zahlen genannt werden, so ist das gemeinhin die Zahl, die die Korrelation der Varianz beschreibt. Das bedeutet beispielsweise, dass die Varianz des Intelligenzquotienten bei eineiigen Zwillingen zu 0.80 korreliert. Varianz ist die Wurzel aus den quadrierten Abweichungen vom Mittelwert. Ich will Sie nicht mit Statistik langweilen, aber wenn Sie das interessiert, lesen Sie einfach mal in meinen Blog rein.

12 Adam Grant: *Geben und Nehmen. Erfolgreich sein zum Vorteil aller.* München 2013.

Strategie 5: Profilieren Sie sich

1 Über Megatrends lesen Sie bei Matthias Horx und hier: http://www.zukunftsinstitut.de/megatrends.

Strategie 7: Entwickeln Sie sich und sorgen Sie für Abwechslung

1 IAB Arbeitsmarktbericht von 2/2014.

2 Martin Seligmann: *Warum Optimisten länger leben.* 2. Aufl., Köln 2012.

3 OSB International AG, »Studie Change 2012«, Informationen und Zahlen online unter http://www.osb-i.com/sites/default/files/imce/c01_osb-i_stu-

die_change_2012_at_pressetext_change-prozesse_unternehmen_geht_die_kraft_aus.pdf.

4 Uwe Kanning und Philipp Fricke, »Studie zur Führungserfahrung« (Uni Osnabrück), erschienen in: *Fachmagazin für Personalführung*, 1/2013.

Register